JIAZHUANG
DIANGONG
CONG RUMEN DAO JINGTONG

家装电工
从入门到精通

王兰君　主编

 化学工业出版社

·北京·

本书以家装电工的施工要求和工作内容为主线，系统地介绍了家装电工的基本知识和操作技能。全书分为基础入门篇和现场施工篇，具体内容包括家装电工识图与布线，家装电工常用工具与操作技能，家装电工常用测量仪表，常用低压电器及应用，室内布线、安装与检修，家装应用照明及自动控制经典电路，火灾自动报警控制系统，住宅小区与智能楼宇安全防范系统，住宅小区智能化通信、广播电视系统，家装电工安全用电等。

本书内容丰富实用、由浅入深、通俗易懂，且书中配有大量原理图和实物照片，图文并茂、形象生动，使读者能够快速掌握家装电工技能，轻松入门并逐步提高。

本书适合家装电工学习使用，也可作为职业院校相关专业的参考教材。

图书在版编目（CIP）数据

家装电工从入门到精通／王兰君主编． —北京：化学工业出版社，2017.8

ISBN 978-7-122-30075-1

Ⅰ．①家… Ⅱ．①王… Ⅲ．①住宅-室内装修-电工 Ⅳ．①TU85

中国版本图书馆CIP数据核字（2017）第158249号

责任编辑：李军亮 徐卿华 　　　　　装帧设计：刘丽华
责任校对：边 涛

出版发行：化学工业出版社（北京市东城区青年湖南街13号 邮政编码100011）
印 　　刷：北京永鑫印刷有限责任公司
装 　　订：三河市宇新装订厂
787mm×1092mm　1/16　印张16　字数396千字　2017年9月北京第1版第1次印刷

购书咨询：010-64518888（传真：010-64519686） 　　售后服务：010-64518899
网 　　址：http://www.cip.com.cn
凡购买本书，如有缺损质量问题，本社销售中心负责调换。

定 　价：49.80元

前言

　　家装是建筑业的重要组成部分，随着社会的发展，家装对于各种具有高素质专业技能的技术型人才需求越来越大。在家装过程中，电工起着重要的作用。家装电工在工作中要以电工技术岗位职业技能要求为标准，完善电工操作技能，从而学到更多实用技能，使技术水平得到进一步提高。

　　当今，随着人们生活水平的不断提高，家用电器的安装及住户供电的规划、设计、应用已经成为家庭装修中非常重要的一个部分。近年来新工艺、新设备、新材料的不断更新与应用，使家装电工的工作发生了许多新的变化。大量的新技术被应用，电视工程、通信工程、计算机网络工程、安保工程、综合布线工程等相继出现，并且现在对于建筑物内配电线路的布置、电气安全、用电控制等提出更新的要求，人们对家装的品位、质量、速度、经济效益以及环保等都提出了更高的标准。因此家装电工人员就必须要有更加扎实的理论基础和更加熟练的操作技能，才能更好地适应当今家装电工工作的需求，笔者以家庭装修装饰为基础编写了本书，目的是通过对家装过程的实际操作，去展示当今日益兴旺的建筑行业、物业小区管理行业以及家装电工行业的需求潮流，通过对家装过程中室内供配电的线路配电布线、线路与电气设备的连接等内容的详解，给予家装电工必要的操作技能指导，使家装电工技术水平快速提高，从而把家庭住宅装点得更加方便舒适。

　　本书由王兰君主编，参与本书编写工作的人员还有黄海平、邢军、王文婷、黄鑫、宋俊峰、高惠瑾、凌玉泉、周成虎、李燕、朱雷雷、凌珍泉、张从知、贾贵超、张杨等同志。

　　由于水平有限，书中难免有不妥之处，敬请广大读者批评指正。

编者

目 录

第1篇 基础入门篇

第1章 家装电工识图与布线 (001)

1.1 电气安装施工图的识读 /001

1.1.1 系统图的识读 /002

1.1.2 平面图的识读 /002

1.2 建筑照明设施布线与安装 /003

1.2.1 照明工程图识图实例 /003

1.2.2 四室两厅家庭电气装饰两厅线路 /005

1.2.3 四室两厅家庭电气装饰四室线路 /006

1.3 建筑照明设施布线设计实例 /007

1.3.1 照明平面图 /007

1.3.2 弱电系统平面图 /008

1.4 一般家庭配电图实例 /008

1.5 住宅动力和照明电线的布线 /009

1.6 住宅电话线、网络线、有线电视线的布线 /010

1.7 住宅房间要求的光照度 /011

第2章 家装电工常用工具与操作技能 (013)

2.1 低压验电笔 /013

2.2 螺丝刀 /015

2.3　钢丝钳　/015

2.4　尖嘴钳　/017

2.5　电工刀　/017

2.6　手用钢锯　/018

2.7　活络扳手　/019

2.8　压线钳　/020

2.9　剥线钳　/020

2.10　断线钳　/021

2.11　手锤　/022

2.12　手电钻、电锤等电动工具　/022

2.13　管子割刀　/024

2.14　管子钳　/025

2.15　导线绝缘层的剖削　/025

2.15.1　塑料硬线绝缘层的剖削　/025

2.15.2　塑料软线绝缘层的剖削　/026

2.15.3　塑料护套线绝缘层的剖削　/026

2.15.4　花线绝缘层的剖削　/027

2.15.5　橡套软电缆绝缘层的剖削　/028

2.16　导线的连接　/029

2.16.1　单股铜芯导线的直线连接　/029

2.16.2　单股铜芯导线的T字形连接　/029

2.16.3　多股导线的直线连接　/030

2.16.4　多股导线的T字形连接　/032

2.16.5　软导线与单股硬导线的连接　/033

2.17　导线绝缘层的恢复　/034

2.18　直导线在蝶式绝缘子上的绑扎　/035

2.19　终端导线在蝶式绝缘子上的绑扎　/036

第 **3** 章　家装电工常用测量仪表　(038)

3.1　指针式万用表　/038

3.1.1 工作原理 /038

3.1.2 使用前的准备工作 /038

3.1.3 测量电阻 /039

3.1.4 测量交流电压 /040

3.1.5 测量直流电压 /041

3.1.6 测量直流电流 /041

3.1.7 常见故障及检修方法 /041

3.2 数字万用表 /042

3.3 钳形电流表 /044

3.3.1 使用注意事项 /045

3.3.2 常见故障及检修方法 /045

3.4 兆欧表 /046

3.4.1 使用注意事项 /047

3.4.2 常见故障及检修方法 /048

3.5 数字兆欧表 /049

第 4 章　家装常用低压电器及应用　(051)

4.1 胶盖刀开关 /051

4.1.1 胶盖刀开关的型号 /051

4.1.2 胶盖刀开关的基本技术参数 /052

4.1.3 胶盖刀开关的选用 /052

4.1.4 胶盖刀开关的安装和使用注意事项 /052

4.1.5 胶盖刀开关的常见故障及检修方法 /053

4.2 铁壳开关 /053

4.2.1 铁壳开关的型号 /054

4.2.2 铁壳开关的技术参数 /054

4.2.3 铁壳开关的选用 /055

4.2.4 铁壳开关的安装和使用注意事项 /055

4.2.5 铁壳开关的常见故障及检修方法 /055

4.3 低压熔断器 /056

4.3.1 瓷插式熔断器 /056

4.3.2 螺旋式熔断器 /057

4.4 低压断路器 /058

4.4.1 低压断路器的型号 /059

4.4.2 低压断路器的主要技术参数 /059

4.4.3 低压断路器的选用 /061

4.4.4 低压断路器的安装、使用和维护 /062

4.4.5 低压断路器的常见故障及检修方法 /062

4.5 交流接触器 /064

4.5.1 交流接触器的型号 /065

4.5.2 交流接触器的主要技术参数 /065

4.5.3 交流接触器的选用 /067

4.5.4 交流接触器的安装、使用及维护 /068

4.5.5 接触器的常见故障及检修方法 /068

4.6 热继电器 /070

4.6.1 热继电器的型号 /071

4.6.2 热继电器的主要技术参数 /071

4.6.3 热继电器的选用 /072

4.6.4 热继电器的安装、使用和维护 /072

4.6.5 热继电器的常见故障及检修方法 /073

4.7 控制按钮 /074

4.7.1 控制按钮的型号 /074

4.7.2 控制按钮的主要技术参数 /075

4.7.3 控制按钮的选用 /075

4.7.4 控制按钮的安装和使用 /075

4.7.5 控制按钮的常见故障及检修方法 /076

4.8 漏电开关（漏电断路器、漏电保护器） /076

第2篇 现场施工篇

第 5 章 家装室内布线、安装与检修 ⑩080

5.1 照明进户配电箱线路 /080

5.2 照明配电箱的安装 /081

5.3 电度表的选择与安装 /082

5.3.1 单相电度表的选择 /083

5.3.2 单相电度表的安装和接线 /083

5.3.3 三相电度表的安装和接线 /084

5.4 漏电保护器的选择与安装 /086

5.4.1 漏电保护器的选择 /086

5.4.2 漏电保护器的安装 /087

5.5 闸刀开关的选择和安装 /088

5.5.1 闸刀开关的选择 /088

5.5.2 闸刀开关的安装注意事项 /088

5.5.3 闸刀开关的安装方法 /088

5.5.4 瓷插式保险丝的更换方法 /089

5.6 室内线路的安装 /090

5.6.1 塑料护套线配线 /090

5.6.2 钢管配线 /092

5.6.3 硬塑料管配线 /095

5.6.4 线槽配线 /097

5.7 照明灯的安装与检修 /099

5.7.1 拉线开关的安装 /099

5.7.2 跷板式开关的安装 /100

5.7.3 开关的常见故障及检修方法 /100

5.8 插座的安装与检修 /101

5.8.1 插座的接线 /101

5.8.2 插座暗装 /101

5.8.3 单相临时多孔插座的安装 /102

5.8.4 三脚插头的安装 /103

5.8.5 插座的常见故障及检修方法 /104

5.9 节能灯（纯三基色）与白炽灯的安装与检修 /105

5.9.1 节能灯与白炽灯的常用控制电路 /105

5.9.2 节能灯与白炽灯的安装方法 /107

5.9.3 白炽灯的常见故障及检修方法 /111

5.10 日光灯的安装与检修 /111

5.10.1 日光灯的基本控制电路 /111

5.10.2 日光灯的安装方法 /112

5.10.3 日光灯的常见故障及检修方法 /114

5.11 高压汞灯的安装与检修 /116

5.11.1　高压汞灯的安装　/116

5.11.2　高压汞灯的常见故障及检修方法　/117

5.12　碘钨灯的安装与检修　/118

5.12.1　碘钨灯的安装　/118

5.12.2　碘钨灯的常见故障及检修方法　/119

5.13　其他灯具的安装　/119

5.13.1　节能灯　/119

5.13.2　高压钠灯　/120

5.13.3　氙灯　/120

5.13.4　应急照明灯　/121

5.13.5　疏散照明灯　/121

第 6 章　家装应用照明及自动控制经典电路 (123)

6.1　荧光灯接线电路　/123

6.2　双荧光灯的户外广告双灯管接法　/123

6.3　荧光灯在低温低压情况下接入二极管启动的接线法　/124

6.4　用直流电点燃荧光灯电路　/124

6.5　具有无功功率补偿的荧光灯电路　/125

6.6　荧光灯四线镇流器接法　/125

6.7　荧光灯节能电子镇流器电路一　/126

6.8　荧光灯节能电子镇流器电路二　/127

6.9　紧凑型12V直流供电的8W荧光灯电路　/128

6.10　探照灯、红外线灯、碘钨灯、钠灯接线电路　/128

6.11　紫外线杀菌灯接线电路　/129

6.12　高压汞灯接线电路　/129

6.13　管形氙灯接线电路　/130

6.14　白炽灯接线电路　/130

6.15　用两个双联开关在两地控制一盏灯电路　/131

6.16　用三个开关控制一盏灯电路　/131

6.17 将两个110V灯泡接在220V电源上使用的电路 /132

6.18 低压小灯泡在220V电源上使用的电路 /132

6.19 延长白炽灯寿命常用技巧电路 /133

6.20 用二极管延长白炽灯寿命的电路 /133

6.21 简易调光灯电路 /134

6.22 简单的晶闸管调光灯电路 /134

6.23 用555集成电路组成的光控灯电路 /134

6.24 无级调光台灯电路 /135

6.25 路灯光电控制电路 /136

6.26 光控路灯电路 /136

6.27 照明灯自动延时关灯电路 /137

6.28 楼房走廊照明灯自动延时关灯电路 /137

6.29 人体感应延时灯光控制电路 /138

6.30 晶闸管自动延时照明开关电路 /139

6.31 门控自动灯电路 /140

6.32 广告创意16功能彩灯控制电路 /140

6.33 彩灯控制集成电路BH9201电路 /142

6.34 声控音乐彩灯电路 /142

6.35 追逐式彩灯电路 /143

6.36 简易光控路障灯电路 /143

6.37 自动调光灯电路 /144

6.38 节日彩灯——满天星霓虹灯电路 /145

6.39 鸟鸣彩灯串电路 /145

6.40 声控音乐彩灯电路 /146

6.41 简易流动闪光灯电路 /147

6.42 大功率"流水式"广告彩灯控制电路 /147

6.43 KG316T、KG316T-R微电脑时控开关接线电路 /148

6.44 氖泡微光灯电路 /149

6.45 霓虹灯供电电路 /150

6.46 霓虹灯闪光电路 /150

6.47 应急照明灯电路 /151

6.48 微光调光定时有线遥控器电路 /151

6.49 电话自控照明灯电路 /152

6.50 声光控自动照明灯电路 /153

6.51 建筑用水平测量电路 /154

6.52 运输升降机超速控制电路 /155

6.53 自动接水器电路 /156

6.54 电动水阀门电路 /156

6.55 电动窗帘电路 /157

6.56 五颜六色闪光装饰电路 /157

6.57 电子喷泉电路 /158

6.58 电梯间排气扇控制电路 /158

第 7 章　火灾自动报警控制系统　　160

7.1 火灾自动报警控制系统的主要构成 /160

　7.1.1 火灾探测部分 /161

　7.1.2 报警系统 /161

　7.1.3 控制系统 /161

7.2 火灾探测器 /162

　7.2.1 火灾探测器的类型 /162

　7.2.2 火灾探测器的选用 /163

　7.2.3 火灾探测器数量的确定 /164

　7.2.4 火灾探测器的安装要求 /165

7.3 火灾报警控制器 /165

　7.3.1 火灾报警控制器的分类 /165

　7.3.2 火灾报警控制器的设置 /166

7.4 联动灭火控制 /167

　7.4.1 灭火系统 /167

7.4.2 防、排烟控制系统 /170

7.4.3 其他外控消防设备的控制 /170

7.5 手动火灾报警和手动灭火 /171

7.5.1 手动火灾报警按钮 /171

7.5.2 灭火的基本方法 /172

7.5.3 灭火器的使用常识 /173

第 8 章 住宅小区与智能楼宇安全防范系统 ⑴⑺⑸

8.1 防盗报警系统 /175

8.1.1 入侵探测器 /176

8.1.2 入侵报警控制器 /178

8.1.3 防盗系统的布防模式 /179

8.2 闭路监控系统 /179

8.2.1 组成方式 /179

8.2.2 基本结构 /180

8.3 楼宇对讲系统 /183

8.3.1 系统分类 /183

8.3.2 系统操作说明 /185

8.4 停车场管理系统 /186

8.4.1 系统组成 /186

8.4.2 系统工作流程 /188

8.5 电子巡更系统 /189

8.5.1 电子巡更系统简介 /189

8.5.2 电子巡更系统的分类 /189

第 9 章 住宅小区智能化通信、广播电视系统 ⑴⑼⑴

9.1 电话系统 /191

9.1.1 电话通信线路的组成 /191

9.1.2 系统使用的器材 /192

9.2 公共广播系统 /193

9.2.1 公共广播系统的特点 /193

9.2.2 公共广播系统的分类 /193

9.2.3 公共广播系统的传输方式 /194

9.3 有线电视系统 /194

9.3.1 有线电视系统的组成 /194

9.3.2 有线电视使用的器材 /195

9.4 数字电视系统 /197

9.5 视频点播系统 /198

9.5.1 视频点播系统简介 /198

9.5.2 视频点播系统的组成 /198

第 10 章　家装电工安全用电　200

10.1 电流对人体的危害 /200

10.2 家装电工应采取的安全措施 /200

10.3 家装电工安全用电常识 /201

10.4 触电的几种情况 /201

10.5 安全用电注意事项 /202

10.6 电工常用安全工具 /204

10.7 接地和接零 /206

10.8 接地的分类 /208

10.9 接地装置和接零装置的安全要求 /209

10.10 采用保护接零时的注意事项 /210

10.11 接地装置的安装 /212

10.11.1 接地体的埋设 /212

10.11.2 接地线的安装 /213

10.12 电气设备接地或接零实例 /215

10.13 防雷装置的安装与防雷保护 /218

10.13.1 雷击的种类 /218

10.13.2 防雷设备 /219

10.13.3 防雷装置的安装 /221

10.13.4　防雷保护　/222

10.14　漏电保护器的应用及安装接线　/225

10.14.1　应用范围　/225

10.14.2　漏电保护器的选用　/225

10.14.3　漏电保护器的安装　/226

10.14.4　漏电保护器的接线　/227

10.15　使触电者脱离电源的几种方法　/229

10.16　现场救护的具体步骤和处理措施　/230

10.17　触电急救方法　/230

10.18　常用安全标识　/232

附　录 ——————————————————235

附录A　电工常用文字符号　/235

附录B　常用电气图形符号　/236

附录C　常用电器在平面图上的图形符号　/238

附录D　装修中的插座、连接片图形符号　/239

附录E　装修中的灯标注图形符号　/239

附录F　装修中的弱电标注图形符号　/239

附录G　装修中的有线电视标注图形符号　/240

附录H　装修中500V铜芯绝缘导线负载允许载流量　/241

参考文献 ——————————————————242

第1篇 基础入门篇

第1章

家装电工识图与布线

家装工程是近年来兴起的一项热门工程，学会家装中的电气施工安装，首先要熟知家装电工识图与布线，掌握这些电工所应具备的基本技能后，才能在家装行业中更好地发挥，才能适应不同用户、不同场合的装修需求。本章从最基本的电气安装施工识图讲起，并举例讲解一些照明施工识图实例与经验。

1.1 电气安装施工图的识读

图1-1～图1-3分别为某三层（一梯两户）住宅楼某个单元的单元总表箱系统接线图、标准户型照明平面图、标准户型插座平面图。

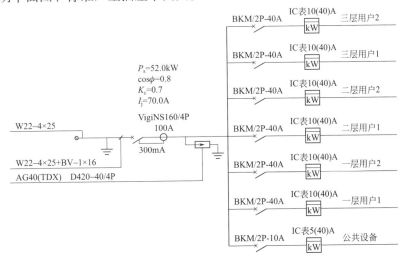

图1-1 单元总表箱系统接线图

1.1.1 系统图的识读

由图1-1可以看出单元电表箱电源进线为三相四线制，电源电压为380/220V，入户处做重复接地，重复接地后随电源线专放接地保护线。单元总表箱内含进线断路器及浪涌保护器，进线断路器应加隔离功能和漏电保护功能。单元总表箱分7个出线回路，除了为每户提供一个回路外，还设一个公共设备回路，公共设备回路主要给公共照明供电。每个出线回路都设置一个断路器及IC电表。

1.1.2 平面图的识读

由图1-2可看出，每户共设8处照明灯具，并且所有的照明灯具都连在同一个回路（WL1）中；图中标"2"的线路表示2根导线，标"4"的线路表示4根导线，未标注的线路均为3根导线；除了卫生间内的灯的控制开关为两联开关外，其他灯的控制开关都是单联开关。

由图1-2、图1-3可看出每户户内的配电箱设8个出线回路，其中WL1为照明回路；WL2为起居室、各卧室的插座共用回路；WL3为卫生间专用回路；WL4为厨房专用回路；WL5、WL6、WL7、WL8分别为各空调专用回路。

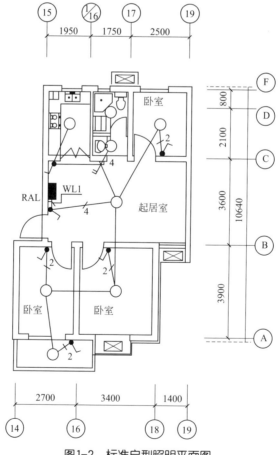

图1-2 标准户型照明平面图

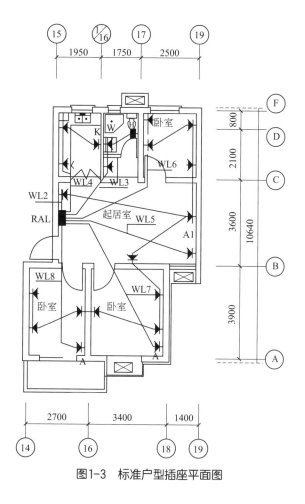

图1-3　标准户型插座平面图

1.2　建筑照明设施布线与安装

1.2.1　照明工程图识图实例

电气照明工程图是建筑设计单位提供给施工单位从事电气照明安装的图纸，所以必须熟练掌握其特点和分析方法。

看电气照明工程图时，先要了解建筑物的整个结构、楼板、地面、平顶材料结构、门窗位置、房间布置等。

电气照明工程图描述的对象是照明设备和供电线路，分析图纸时，要掌握以下内容。

① 照明配电箱的型号、数量、安装标高、配电箱的电气系统。

② 照明线路的配线方式、敷设位置、线路走向、导线型号、导线规格及根数、导线的连接方法。

③ 灯具的类型、功率、安装位置、安装方式及标高。

④ 开关的类型、安装位置、离地高度、控制方式。

⑤ 插座及其他电器的类型、容量、安装位置、安装高度等。

在电气照明工程图中，有时图纸标注是不齐全的，看图时要熟悉有关的技术资料和施工验收规范。如在照明平面图中，开关的安装高度在图上没有标出，施工者可以依据施工及验收规范进行安装。一般开关安装高度距地 1.3 m，距门 0.15 ~ 0.20 m。

如图 1-4、图 1-5 所示为某办公楼二层的电气照明工程图，工程为框架结构。电源电压为三相 380 V，从楼下总电源配电箱引来二回路。导线选用塑料铜芯线（BV 型），五根，截面积为 10mm²，三根相线，一根零线，一根保护接地线（三相五线），室内配线用 BV 塑料铜芯线，穿电线管敷设，沿地面下、墙内、顶棚内暗敷。

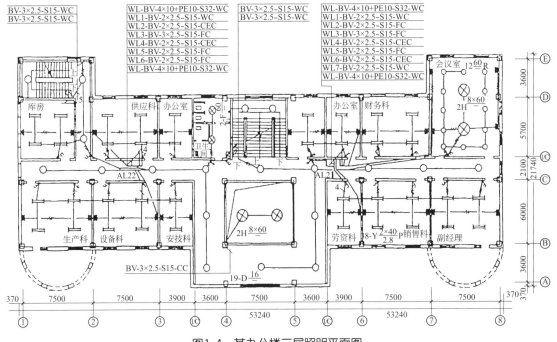

图1-4 某办公楼二层照明平面图

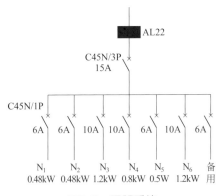

图1-5 照明系统

电源配电箱有 2 个：AL21、AL22。以 AL22 为例，电源从一层计量电表下桩头接出，AL22 配电箱有 1 个总开关 C45 N/3 P（15 A）和 7 个分支开关 C45 N/1 P（6 A，4 个；10 A，3 个），办公室设双管日光灯（2 × 40 W），吊杆安装，分别为单联单控和双联单控开关控制。会议室有两套花灯，每个灯内有 6 个 40 W 的白炽灯，吸顶安装，还有 12 个筒灯，每个

60W，嵌入式安装在吊顶内。走廊为19个圆球吸顶灯，每个60 W。厕所为2个防潮、防水灯，每个60 W，吸顶安装。天井设两套花灯，每个灯中有8个60 W的白炽灯，吸顶安装，分别用单控开关（暗）控制。楼梯间照明用双联开关（暗）控制。

1.2.2 四室两厅家庭电气装饰两厅线路

随着人们生活水平的提高，对住房装饰的要求也越来越高，电气装饰这个名词便应运而生。电气装饰原则上是将照明、插座回路分开；照明应分成几个回路；对空调、电热水器等大容量电气设备，宜一个设备设置一个回路；插座及浴室灯具回路必须采取接地保护措施，接地保护不允许用自来水管或零线代替，有了漏电保护断路器也不能取消保护接地装置，不要选用劣质产品。

例1 四室两厅家庭电气装饰两厅线路平面布置如图1-6所示。

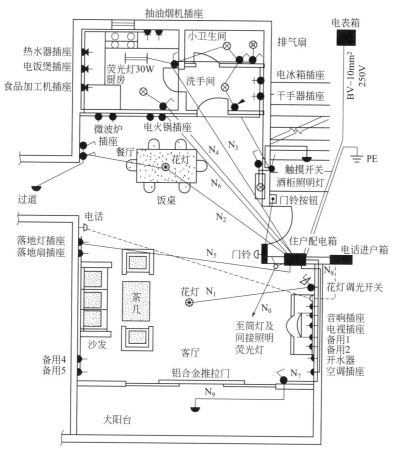

图1-6 四室两厅家庭电气装饰两厅线路

两厅（客厅、餐厅）是整套住宅的重要组成部分，是来人会客及家庭成员活动中心。因此在配合住宅装饰中，电气装饰要跟得上，力争多年不落后。

电源采用BV-10mm² × 2（根）从电表箱引入220 V至住户配电箱，然后分成N_0～N_9共10条回路：N_0为客厅中的筒灯、间接照明荧光灯回路；N_1为客厅花灯（俗称吊灯）回路；N_2为餐厅花灯、过道吸顶灯回路；N_3为厨房、小卫生间、洗手间、楼道吸顶灯及酒柜照明灯等用电回路；N_4为厨房等处又一照明回路，其作用是在N_3回路出现故障时备用；N_5为客厅沙发背后的落地灯、落地扇等用电插座专用回路；N_6为餐厅饭桌旁边的电火锅、微波炉等专用插座回路；N_7为客厅空调插座回路；N_8为客厅VCD、音响、电视、开水器回路；N_9为大阳台吸顶灯回路。

此外，还设有门铃，以方便来客叫门；设有电话进户箱，引至客厅电视柜、沙发旁及主卧室、副卧室等处，以供电话、电脑用。

客厅配置可调光的花灯，会客时调亮些，平时看电视时调暗些。

1.2.3　四室两厅家庭电气装饰四室线路

四室是整套住宅的重要组成部分，有主卧室、副卧室、小孩卧室、书房以及卫生间（兼浴室）等。过道中的灯已在例1中介绍过。

例2　四室两厅家庭电气装饰四室线路如图1-7所示。

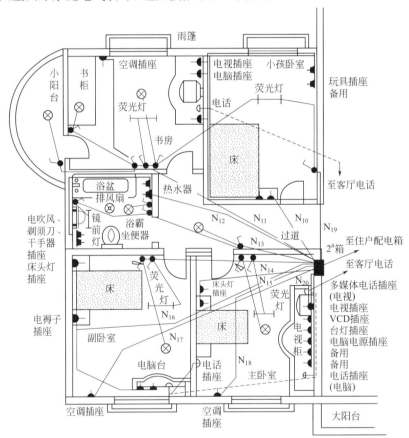

图1-7　四室两厅家庭电气装饰四室线路

例2中的电源引自例1中的住户配电箱，这里设有$2^\#$箱。从$2^\#$箱引出$N_{10} \sim N_{20}$共21条回路：N_{10}为小孩卧室插座专用回路，供小孩用电视、电脑、玩具用电；N_{11}为书房空调插座回路；N_{12}为浴室热水器、干手器等用电插座回路；N_{13}为过道西侧灯及浴室中的浴霸和镜前灯用插座回路；N_{14}为主、副卧室荧光灯和调光灯用回路；N_{15}为主卧室床头灯和电褥子用插座回路；N_{16}为副卧室床头灯、电褥子和电脑台用电插座回路；N_{17}为副卧室空调插座；N_{18}

为主卧室空调插座；N_{19}为小孩卧室、书房和小阳台照明用电回路。N_{20}为主卧室电视柜、电脑等用电插座回路。主卧室、副卧室及书房均安有电话，以供电话、电视、电脑使用，其信号线来自客厅电话（图1-6），这是一种多媒体或宽频带信号源，由电信局引入。

例1和例2中的照明开关全部暗装，距地板高度1.3 m；插座全部暗装，安装高度距地板0.15m。同一室内的顶灯布置在一条直线上。但由于客厅内有过道，餐桌不能放在中间，所以安装灯具时可酌情处理。

由于各房间均有空调装置，所以本例不考虑安装吊扇。即使没安装空调，其插座也可用于落地电扇。

例1、例2所有电线配管均可用PVC阻燃塑料管沿墙暗敷。空调、热水器、微波炉用电线应采用BV-2.5mm²；其他插座可采用BV-1.5mm²；普通灯用电线一般采用BV-0.75mm²或BV-1mm²。配管内不得有电线接头。

浴室（卫生间）是潮湿环境，用湿手操作电源开关有一定的危险性，因此电源开关可以安装在卫生间外面的门旁墙上；也可以采用拉线开关或防水开关安装在卫生间内墙上。浴霸电源线采用三根2.5mm²的铜芯电线。用一只开关控制普通照明，另一只开关控制红外灯，浴室的配电回路应具有漏电保护。镜前灯可采用荧光灯。

1.3 建筑照明设施布线设计实例

1.3.1 照明平面图

照明平面图可以反映出电源进户装置、照明配电箱、灯具、插座、开关等电气设备的数量、型号规格、安装位置、安装高度以及照明线路的敷设位置、敷设方式、敷设路径、导线的型号规格等。不同的图实际有一些差异。灯、开关平面图如图1-8所示。

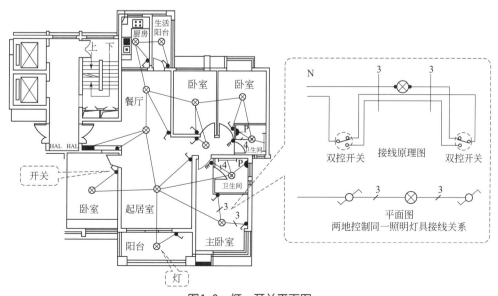

图1-8 灯、开关平面图

1.3.2　弱电系统平面图

电视、电话的系统图可以反映电视、电话布局及插座安排等情况，如图1-9所示。

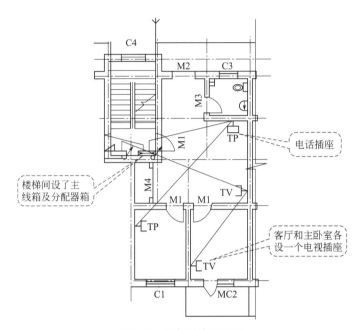

电话插座

楼梯间设了主线箱及分配器箱

客厅和主卧室各设一个电视插座

图1-9　弱电系统平面图

1.4　一般家庭配电图实例

图1-10为一般家庭配电图。

图例说明：

① 本工程皆以PVC管施工；

② 厨房专用插座要独立配线（6mm²）；

③ 插座使用二孔埋入式，线径4.0mm²（限制电流30A以下）；

④ 照明使用2.5mm²（限制电流20A以下）；

⑤ 虚线代表零线（N）；

⑥ ⊗代表灯；

⑦ ⑪代表插座。

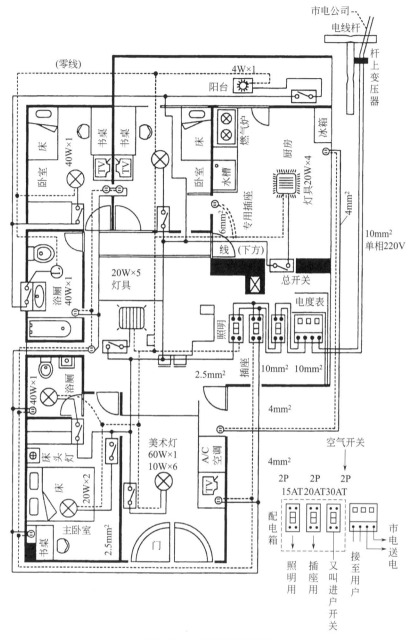

图1-10　一般家庭配电图

1.5　住宅动力和照明电线的布线

当前因住宅用电量随着家用电器的不断增加而大幅增加，因此优化分配电路负荷、合理布局室内用电线路已成为装饰装修住宅的重要内容。现在住宅用电一般应分数条干路较为合适，如普通照明用电线路、普通插座用电线路、空调专用线路、厨房用电线路、卫生间用电线路。

　　上述住宅用电线路设计方案，可有效地避免空调启动时造成的其他电器电压过低、电流不稳的弊端，因而又方便了局部区域性用电线路的检修，一旦其中某一路跳闸，不会影响其他路的正常使用，从功能性、实用性等方面分析，装饰装修中住宅用电分五路线的方案是较为科学的，如图1-11所示。另外在住宅敷设电源线时，对普通家庭来说，灯具用1.5mm的线，开关插座用2.5mm的线就行。而对于安装空调等大功率电器的线路，则应单独走一路4mm的线路。电源线在装修中要预埋，应一律采用暗管开槽敷设，卫生间的布线一定要在防水封板之前做完。电线一定要穿管，开关、插座要防水。电线与暖气、热水、煤气管道之间的平行距离不应小于30cm，交叉距离不应小于10cm。

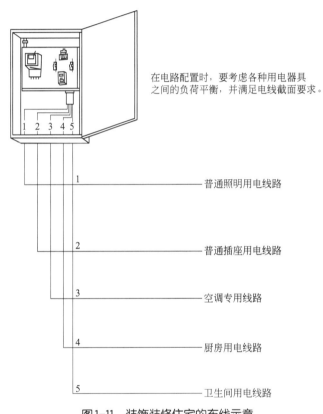

在电路配置时，要考虑各种用电器具之间的负荷平衡，并满足电线截面要求。

1 —— 普通照明用电线路

2 —— 普通插座用电线路

3 —— 空调专用线路

4 —— 厨房用电线路

5 —— 卫生间用电线路

图1-11　装饰装修住宅的布线示意

1.6　住宅电话线、网络线、有线电视线的布线

　　装修中，电话线、网络线、有线电视线的布设需注意以下几点。

　　① 一般客厅、每个卧室都要预留埋设电话线、网络线、有线电视的墙面，以便于电器摆设位置的变化。电视线插孔各1～2个，并且要分布在不同地方；卫生间、厨房也可根据需要考虑预留一个电话插孔；餐厅也可考虑预留一个有线电视线插孔，以备就餐时看电视用。

② 插座下边线以距地面30cm左右为宜。一般来说，这些弱电线常常在房顶或地板下布线，所以为了防潮和更换方便，这些线的外面都要加上牢固的套管，并在加上套管前检查线是否有断路或短路。

③ 弱电信号属低电压信号，抗干扰性能较差，所以弱电线的走线应该避开强电线（电源线）。国家标准规定，电源线及插座与电视线及插座的水平间距不应小于50cm。

④ 要采用专用信号传输线分管分线预理，并且三种弱电线相互间应留有一定的间隔距离，以避免各种信号互相干扰。

⑤ 电话、电视信号线不能与电源线走同一个线管，那样会影响信号，也会带来不安全因素。国家标准规定：弱电线路与电源线的水平间距不应小于50cm，它们的插孔与电源插座的水平间距也不应小于50cm。

⑥ 电视信号传输线要注意接头连接，内芯的粗线与四周的细屏蔽线不能接触，否则会使画面上出现大面积干扰波，导致图像不清。

1.7　住宅房间要求的光照度

图1-12所示为住宅房间要求的光照度效果图。

(a)

(b)

(c)

(d)

图1-12　住宅房间要求的光照度效果图

① 起居室：一般照明光照度需50～75lx，团聚、娱乐时需要200lx，读书、看报时则需要500lx。

② 卧室：一般照明光照度应为10～30lx，读书、化妆时应为300lx。

③ 门厅：一般照明为100lx，局部亮度高的需200lx。

④ 卫生间：光照度要求一般为100lx，梳妆台前化妆、刮胡须的地方光照度要求为300lx。

⑤ 餐厅：一般照明为75～100lx，餐桌上的光照度为300lx。

⑥ 书房：一般照明为75lx，而读书、学习时其光照度应达到500～750lx。

第2章

家装电工常用工具与操作技能

　　家庭装修工作中经常要用到一些电工常用工具，这些工具在安装、维修时是必不可少的。正确掌握、应用、保养好这些工具，对电工操作有很大帮助。另外，装修中还必须熟练掌握一些安装、维修操作的电工常用基本技能，只有熟练掌握这些基本技能，才能正确、快速地安装、维修好电气线路及设备，对做好家装工作也会有很大帮助。

2.1　低压验电笔

　　常用低压验电笔又称试电笔，简称电笔，它是用来检测低压导体和电气设备的金属外壳是否带电的一种常用工具。验电笔具有体积小、重量轻、携带方便、检验简单等优点，是维修电工必备的工具之一。

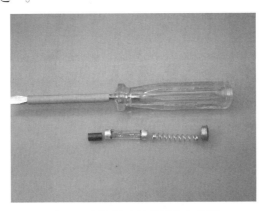

图 2-1　低压验电笔的结构与外形

　　验电笔常做成钢笔式结构，有的也做成小型螺丝刀结构，前端是金属探头，后部塑料外壳内装配有氖泡、电阻和弹簧，上部有金属端盖或钢笔型挂鼻，使用时作为手触及的金属部分。验电笔的结构与外形如图 2-1 所示，图 2-2 ～图 2-5 为低压验电笔的正确与错误的验电方法。

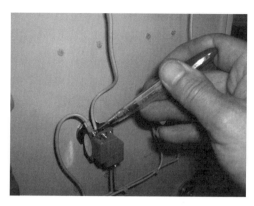
图2-2　用笔式验电笔的正确验电方法

图2-3　用笔式验电笔的错误验电方法

普通低压验电笔的电压测量范围在60～500V，低于60V时电笔的氖泡可能不会发光显示，高于500V的电压严禁用普通验电笔来测量，以免造成触电事故。在此必须提醒电工初学者，切勿用普通验电笔测试超过500V的电压。

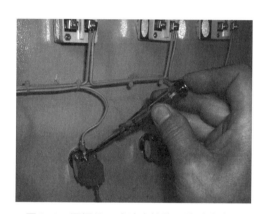
图2-4　用螺丝刀式验电笔的正确验电方法

图2-5　用螺丝刀式验电笔的错误验电方法

当用验电笔测试带电体时，带电体上的电压经笔尖（金属体）、电阻、氖泡、弹簧、笔尾端的金属体，再经过人体接入大地，形成回路。带电体与大地之间的电压超过60V后，氖泡便会发光，指示被测带电体有电。

电工初学者，在使用电笔时要注意以下几个问题。

①使用验电笔之前，首先要检查电笔内有无安全电阻，然后检查验电笔是否损坏，有无受潮或进水，检查合格后方可使用。

②在使用验电笔正式测量电气设备是否带电之前，先要将验电笔在有电源的部位检查一下氖泡是否能正常发光，如果验电笔氖泡能正常发光，则可以使用。

③在明亮的光线下或阳光下测试带电体时，应当注意避光，以防光线太强不易观察到氖泡是否发亮，造成误判。

④大多数验电笔前面的金属探头都制成小螺丝刀形状，在用它拧螺钉时，用力要轻，扭矩不可过大，以防损坏。

⑤在使用完毕后要保持验电笔清洁，并放置干燥处，严防摔碰。

2.2　螺丝刀

　　螺丝刀又称起子、螺钉旋具或旋凿等，按照其头部形状不同，可分为一字形螺丝刀和十字形螺丝刀，其握柄材料分木柄和塑料柄两种。十字形螺丝刀外形如图2-6所示，一字形螺丝刀的外形如图2-7所示。

图2-6　十字形螺丝刀

图2-7　一字形螺丝刀

　　近年来，还出现了多用组合式螺丝刀，它是由不同规格的螺丝刀、锥、钻、凿、锯、锉和锤组成，柄部和刀体可以拆卸，柄部内还装有氖管、电阻、弹簧，可作测电笔使用。

　　螺丝刀使用方法如图2-8、图2-9所示。

　　螺丝刀的大小尺寸和种类很多，在使用中要注意以下几个问题。

　　① 螺丝刀手柄要保持干燥清洁，以防带电操作时发生漏电。

　　② 在使用小头较尖的螺丝刀紧松螺钉时，要特别注意用力均匀，避免因手滑而触及其他带电体或者刺伤另一只手。

　　③ 切勿将螺丝刀当作錾子使用，以免损坏螺丝刀。

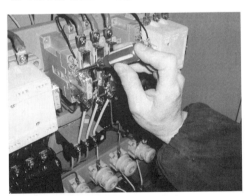

图2-8　拧小螺钉的方法

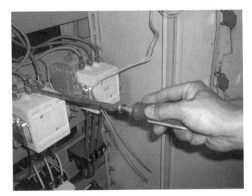

图2-9　拧大螺钉的方法

2.3　钢丝钳

　　钢丝钳常被称为钳子，也是电工人员必备的工具之一。钢丝钳外形如图2-10所示。

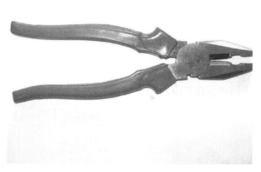

图2-10　钢丝钳外形

钢丝钳的用途是夹持或折断金属薄板以及切断金属丝。钢丝钳有两种，电工应选用带绝缘手柄的一种，一般钢丝钳的绝缘护套耐压为500V，所以只适合在低压带电设备上使用。常用钢丝钳有150mm、175mm和200mm等几种，钢丝钳的使用方法如图2-11～图2-14所示。

在使用钢丝钳时应注意以下几个问题。

① 切勿损坏绝缘手柄，并注意防潮。

② 钳轴要经常加油，防止生锈。

③ 要保持钢丝钳清洁，带电操作时，手与钢丝钳的金属部分保持2cm以上的距离。

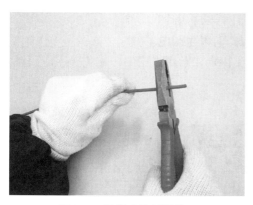

图2-11　用钳子剪断导线

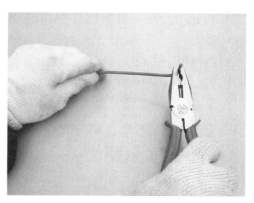

图2-12　用钳子弯绞导线

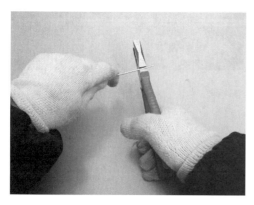

图2-13　用钳子铡切钢丝

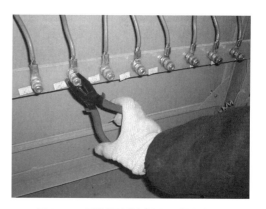

图2-14　用钳子扳旋螺母、紧固螺母

2.4 尖嘴钳

尖嘴钳的头部尖细，适用于狭小的工作空间或带电操作低压电气设备。尖嘴钳可制作小接线鼻子，也可用来剪断细小的金属丝，它适用于电气仪器仪表制作或维修用，又可作为家庭日常修理的工具，使用灵活方便，其外形如图2-15所示，尖嘴钳的使用方法如图2-16所示。

电工维修人员应选用带有绝缘手柄、耐压在500V以上的尖嘴钳。

在使用尖嘴钳时应注意以下几个问题。

① 使用尖嘴钳时，手离金属部分的距离应不小于2cm。

② 注意防潮，勿磕碰损坏尖嘴钳的柄套，以防触电。

图2-15　尖嘴钳

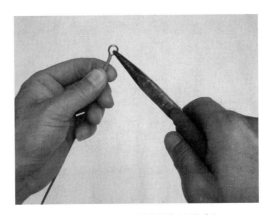

图2-16　用尖嘴钳制作接线鼻

③ 钳头部分尖细，且经过热处理，钳夹物体不可过大，用力时切勿太猛，以防损坏钳头。

④ 使用尖嘴钳后要擦净，钳轴、腮要经常加油，以防生锈。

2.5 电工刀

电工刀适用于电工在装配维修工作中割削电线绝缘外皮以及绳索、木桩等。电工刀的结构与普通小刀相似，它可以折叠，尺寸有大小两号。另外，还有一种多用型的，既有刀片，又有锯片和锥针，不但可以削电线，还可以锯割电线槽板、锥钻底孔，使用起来非常方便。电工刀的外形如图2-17所示，图2-18～图2-21为电工刀的使用方法。

使用电工刀要注意以下几点。

① 使用电工刀时切勿用力过猛，以免不慎划伤手指。

② 一般电工刀的手柄是不绝缘的，因此严禁用电工刀带电操作电气设备。

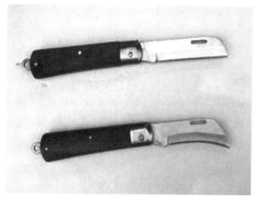

图2-17　电工刀

图2-18　用电工刀切削木塞

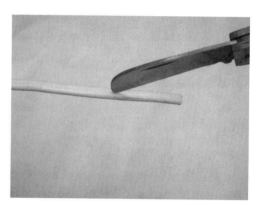

图2-19　用电工刀切割护套线

图2-20　用电工刀按45°剥较粗电线

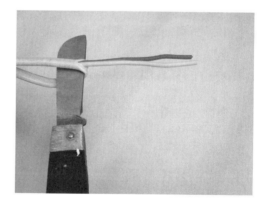

图2-21　用电工刀切割护套线外皮

2.6　手用钢锯

手用钢锯由铁锯弓和钢条组成，锯弓前端有一个固定销子，后端有一个活动销子，锯条挂在销钉上后旋紧螺钉即可使用。手用钢锯外形如图2-22所示。安装时锯条的锯齿要朝前，图2-23为手用钢锯操作方法。

使用手用钢锯时，锯弓要上紧。锯条一般分为粗齿、中齿和细齿三种。粗齿适用于锯削铜、铝和木板材料等；细齿一般可锯较硬的铁板及穿线铁管和塑料管等。

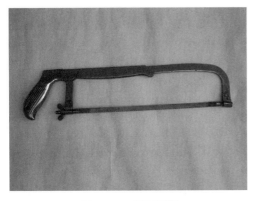

图2-22　手用钢锯

图2-23　手用钢锯操作方法

2.7　活络扳手

活络扳手用于旋动螺杆螺母，它的卡口大小可在规格所定范围内任意调整。目前活络扳手规格较多，电工常用的有150mm×19mm、200mm×24mm、250mm×30mm、300mm×36mm等数种。扳动较大螺杆、螺母时，所用力矩大，手应握在手柄尾部；扳小型螺母时，为防止卡口处打滑，手可握在接近头部的位置，且用拇指调节和稳定蜗杆。活络扳手外形如图2-24所示，活络扳手使用方法如图2-25、图2-26所示。

图2-24　活络扳手

图2-25　用活络扳手扳较小螺母的握法

图2-26　用活络扳手扳较大螺母的握法

使用活络扳手时，不能反方向用力，否则容易扳裂活络扳唇，尽量不要用钢管套在手柄上作加力杆使用，更不能用来撬重物或当手锤敲打。旋动螺杆、螺母时，必须把工件的两侧面夹牢,以免损坏螺杆或螺母的棱角。

2.8 压线钳

压线钳是用于接线的一种工具,它可以压接较小的接线鼻,操作十分方便。另外,有一种手动压线钳有4种压接腔体,不同的腔体适用于不同规格的导线和接线端子,压线钳外形如图2-27所示,压线钳操作方法如图2-28～图2-30所示。

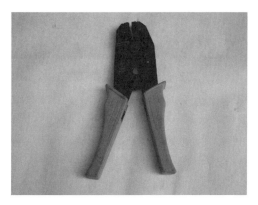

图2-27 压线钳

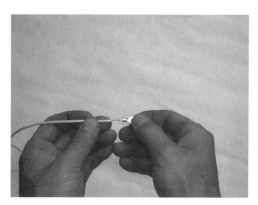

图2-28 把接线头剥好,穿上接线卡

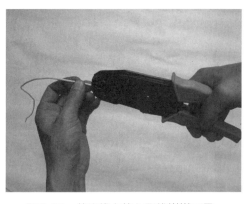

图2-29 将接线卡放入压线钳钳口里

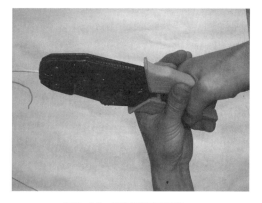

图2-30 两手用力压接

2.9 剥线钳

剥线钳是用来剥除电线、电缆端部橡胶塑料绝缘层的专用工具。它可带电(低于500V)削剥电线末端的绝缘皮,使用十分方便。剥线钳有140mm和180mm两种规格。剥线钳外形如图2-31所示,剥线钳操作方法如图2-32～图2-34所示。

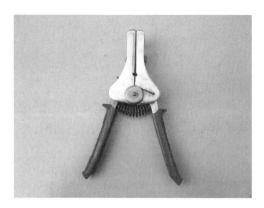

图2-31 剥线钳

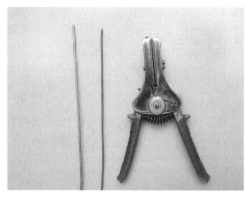

图2-32 准备好要剥的电线

图2-33 根据电线粗细,选择合适的剥线钳口,
把电线头放入剥线钳

图2-34 右手压下剥线钳把,剥掉绝缘层

2.10 断线钳

断线钳也是电工常用的钳子之一,其头部扁斜,又名斜口钳、扁嘴钳,专门用于剪断较粗的电线和其他金属丝,其柄部有铁柄和绝缘管套。电工常用的绝缘柄断线钳的绝缘柄耐压应为1000V以上。图2-35是断线钳外形,图2-36是断线钳的操作方法。

图2-35 断线钳

图2-36 断线钳的操作方法

2.11 手锤

手锤又叫榔头，是维修电工在安装电气设备时常用到的工具之一，常用规格有0.25kg、0.5kg、0.75kg等，锤长为300～350mm。为防止锤头脱头，顶端应打楔，手锤外形如图2-37所示。图2-38、图2-39是手锤的操作方法。

图2-37　手锤

图2-38　操作时，右手应握在木柄的尾部

图2-39　锤击时，用力要均匀、落锤点要准确

2.12 手电钻、电锤等电动工具

手电钻是电工在安装、维修工作中常用的工具之一，外形如图2-40所示，它不但体积小、重量轻，而且还能随意移动。近年来，手电钻的功能不断扩展，功率也越来越大，不但能对金属钻孔，带有冲击功能的手电钻还能对砖墙打孔。目前常用的手电钻有手枪式

和手提式两种，电源一般为220V，也有三相380V的。电钻及钻头大致也分两大类，见图2-41，一类为麻花钻头，一般用于金属打孔；另一类为冲击钻头，用于在砖和水泥柱上打孔。大多数手电钻采用单相交直流两用串励电动机，它的工作原理是接入220V交流电源后，通过整流子将电流导入转子绕组，转子绕组所通过的电流方向和定子励磁电流所产生的磁通方向是同时变化的，从而使手电钻上的电动机按一定方向运转。

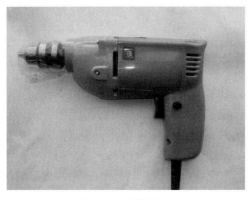

图2-40 手电钻

图2-41 手电钻钻头

使用手电钻时应注意以下几点。

① 使用前首先要检查电线绝缘是否良好，如果电线有破损处，可用胶布包好。最好使用三芯橡胶软线，并将手电钻外壳接地。

② 检查手电钻的额定电压与电源电压是否一致，开关是否灵活可靠。

③ 手电钻接入电源后，要用电笔测试外壳是否带电，如不带电方能使用。操作时需接触手电钻的金属外壳时，应戴绝缘手套，穿电工绝缘鞋并站在绝缘板上。

④ 拆装钻头时应用专用钥匙，切勿用螺丝刀和手锤敲击电钻夹头。

⑤ 装钻头要注意钻头与钻夹保持同一轴线，以防钻头在转动时来回摆动。

⑥ 在使用手电钻过程中，钻头应垂直于被钻物体，用力要均匀，当钻头被被钻物体卡住时，应停止钻孔，检查钻头是否卡得过松，重新紧固钻头后再使用。

⑦ 钻头在钻金属孔过程中，若温度过高，很可能引起钻头退火，为此，钻孔时要适量加些润滑油。

⑧ 钻孔完毕，应将电线绕在手电钻上，放置于干燥处以备下次使用。

冲击电钻常用于在建筑物上钻孔，如图2-42所示。它的用法是：把调节开关置于"钻"的位置，钻头只旋转而没有前后的冲击动作，可作为普通钻使用；置于"锤"的位置，钻头边旋转边前后冲击，便于钻削混凝土或砖结构建筑物上的孔。有的冲击电钻调节开关上没有标明"钻"或"锤"的位置，可在使用前让其空转观察，以确定其位置。

遇到较坚硬的工作面或墙体时，不能加压过大，否则将导致钻头退火或电钻过载而损坏。电工用冲击钻可钻6 ～ 16mm圆孔，作普通钻时，用麻花钻头；作冲击钻时，应使用专用冲击钻头。

电工使用的电锤也是一种旋转带冲击电钻的电动工具，它比冲击电钻冲击力大，主要用于安装电气设备时在建筑混凝土柱板上钻孔，电锤也可用于水电安装，敷设管道时穿墙钻孔，电锤的外形如图2-43所示。

图2-42　冲击电钻　　　　　　　　　　　　　图2-43　电锤

使用电锤时应注意以下几点。

① 检查电锤电源线有无损伤，然后用500V兆欧表对电锤电源线进行检测，测得电锤绝缘电阻超过0.5MΩ时方能通电运行。

② 电锤使用前应先通电空转一下，检查转动部分是否灵活，待检查电锤无故障时方能使用。

③ 工作时应先将钻头顶在工作面上，然后再启动开关，尽可能避免空打孔。在钻孔过程中发现电锤不转时要立即松开开关，检查出原因后方能再启动电锤。

④ 用电锤在墙上钻孔时应先了解墙内有无电源线，以免钻破电线发生触电。在混凝土中钻孔时，应注意避开钢筋，如钻头正好打在钢筋上，应立即退出，然后重新选择位置，再行钻孔。

⑤ 在钻孔时如对孔深有一定要求，可安装定位杆来控制钻孔深度。

⑥ 电锤在使用过程中，如果发现声音异常，应立即停止钻孔，如果因连续工作时间过长，电锤发烫，也要停止电锤工作，让其自然冷却，切勿用水淋浇。

2.13　管子割刀

管子割刀是切割管子用的一种工具，如图2-44所示。

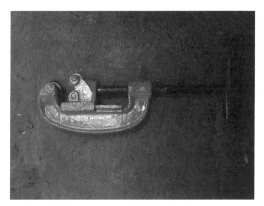

图2-44　管子割刀

用管子割刀割断的管子切口比较整齐，割断速度也比较快。在使用时应注意以下事项。

① 切割管子时，管子应夹持牢固，割刀片和滚轮与管子垂直，以防割刀片刀刃崩裂。

② 刀片沿圆周运动进行切割，每次进刀不要用力过猛，初割时进刀量可稍大些，以便割出较深的刀槽，以后每次进刀量应逐渐减少。边切割边调整刀片，使割痕逐渐加深，直至切断为止。

③ 使用时，管子割刀各活动部分和被割管子表面均需加少量润滑油，以减少摩擦。

2.14　管子钳

管子钳又称管子扳手，是供安装和修理时夹持和旋动各种管子和管路附件用的一种手用工具。常用规格有250mm、300mm和350mm等多种。使用方法类同活扳手，其外形如图2-45所示。

图2-45　管子钳

使用管子钳时应注意以下事项。

① 根据安装或修理的管子，选用不同规格的管子钳。

② 用管子钳夹持并旋动管子时，施力方向应正确，以免损坏活络扳唇。

③ 不能用管子钳敲击物体，以免损坏。

2.15　导线绝缘层的剖削

2.15.1　塑料硬线绝缘层的剖削

塑料硬线绝缘层的剖削见表2-1。

表2-1　塑料硬线绝缘层的剖削

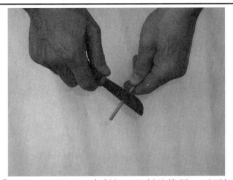

① 用电工刀以45°角斜切入塑料绝缘层，不可切入芯线

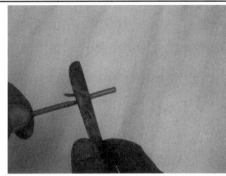

② 切入后将电工刀与芯线保持15°角左右，向线端推削，用力要均匀，并注意不要割伤金属芯线

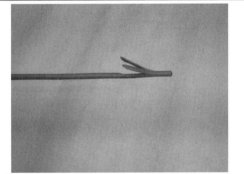

③ 削去一部分塑料层

④ 翻下剩下的塑料层，用电工刀齐根切去这部分塑料层

2.15.2　塑料软线绝缘层的剖削

塑料软线绝缘层的剖削见表2-2。

表2-2　塑料软线绝缘层的剖削

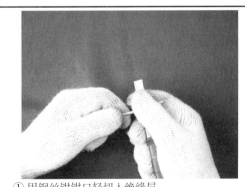

① 用钢丝钳钳口轻切入绝缘层

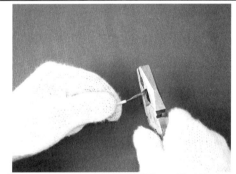

② 右手用钳子夹着导线头，向外推，剥掉绝缘层

2.15.3　塑料护套线绝缘层的剖削

塑料护套线绝缘层的剖削见表2-3。

表2-3　塑料护套线绝缘层的剖削

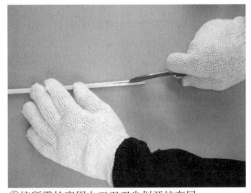

①按所需长度用电工刀刀尖划开护套层

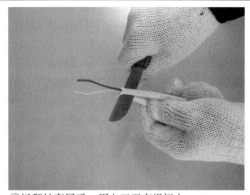

②扳翻护套层后，用电工刀齐根切去

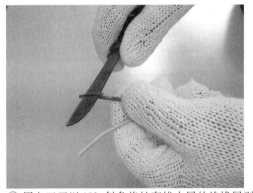

③ 用电工刀以45°斜角将护套线内层的绝缘层剥离，绝缘层切口与护套层切口间应留有5～10mm的距离

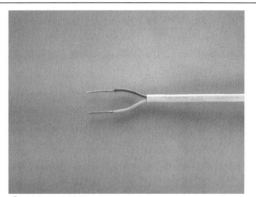

④ 剥离后的效果

2.15.4　花线绝缘层的剖削

花线绝缘层的剖削见表2-4。

表2-4　花线绝缘层的剖削

①用电工刀将花线皮剥下

②用钢丝钳将花线中的绝缘层剥下，注意剥线时动作要轻，切勿损伤里面的多股铜导线

2.15.5 橡套软电缆绝缘层的剖削

橡套软电缆绝缘层的剖削见表2-5。

表2-5 橡套软电缆绝缘层的剖削

① 准备好要剥离的橡套软电缆

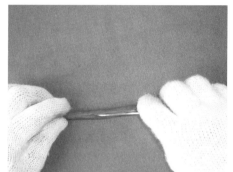
② 用电工刀尖轻轻在外层绝缘层上划一道切口，注意不要划伤里面的皮线

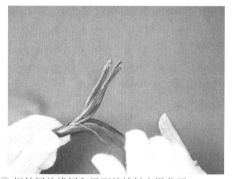
③ 把外层绝缘层和里面的填料麻绳分开

④ 用电工刀削掉外层绝缘层和里面的填料麻绳

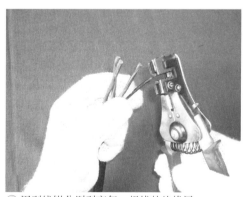
⑤ 用剥线钳分别剥离每一根线的绝缘层

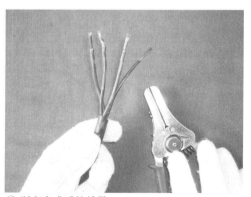
⑥ 剥离完成后的效果

2.16　导线的连接

2.16.1　单股铜芯导线的直线连接

单股铜芯导线的直线连接见表2-6。

表2-6　单股铜芯导线的直线连接

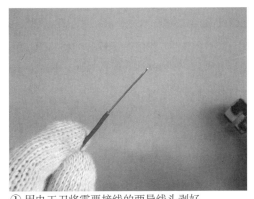

① 用电工刀将需要接线的两导线头剥好

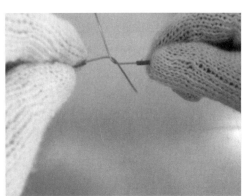

② 将两线端呈"X"字相交，再互相绞绕2～3圈

③ 将两线头扳直，使其与导线垂直，然后分别在导线上缠绕4圈，再剪去多余的线头，并钳平切口毛刺

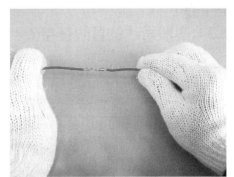

④ 连接完成后的效果。注意，连接后应检查接线头接触是否牢靠

2.16.2　单股铜芯导线的T字形连接

单股铜芯导线的T字形连接见表2-7。

表2-7　单股铜芯导线的T字形连接

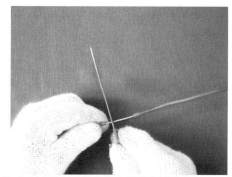

① 将剥离好的支路芯线与干路芯线十字相交，交点距支路芯线根部约5mm

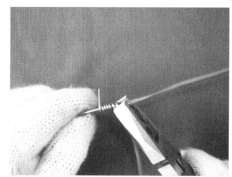

② 将支路芯线在干路芯线上缠绕6～8圈

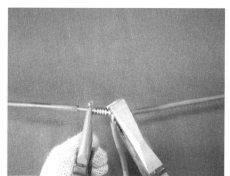

③ 用尖嘴钳钳去多余的支路芯线，并钳平切口

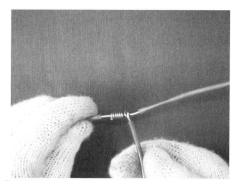

④ 连接完成后的效果

2.16.3　多股导线的直线连接

多股导线的直线连接见表2-8。

表2-8　多股导线的直线连接

① 将剥去绝缘层的芯线头散开并拉直，再将靠近绝缘层的1/3芯线头绞紧

② 将余下的2/3芯线头按图示分散成伞状，然后对叉

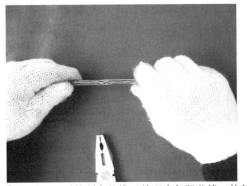

③ 捏平叉入后的所有芯线，并理直每股芯线，使每股芯线的间隔均匀；同时用钢丝钳钳紧叉口处，消除空隙

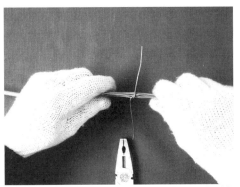

④ 将右端的一根插入芯线从叉口处折起，使其与导线垂直

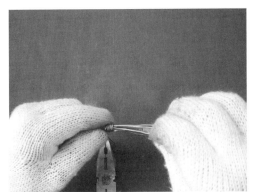

⑤ 将折起的芯线向右缠绕导线 2～3 圈，然后将余下的芯线头折回，与导线平行

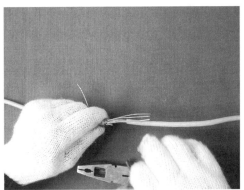

⑥ 将右端的另一根芯线从紧挨前一根芯线缠绕结束处折起，按上述步骤缠绕导线

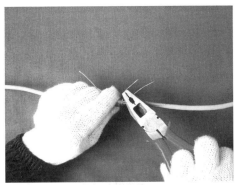

⑦ 缠绕时用钳子拉紧缠绕芯线

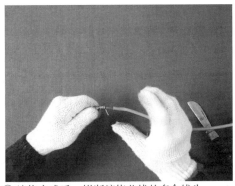

⑧ 缠绕完成后，钳断缠绕芯线的多余线头

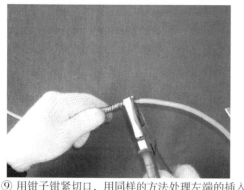

⑨ 用钳子钳紧切口，用同样的方法处理左端的插入芯线

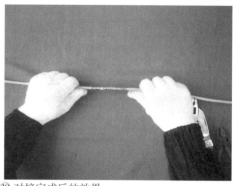

⑩ 对接完成后的效果

2.16.4 多股导线的T字形连接

多股导线的T字形连接见表2-9。

表2-9 多股导线的T字形连接

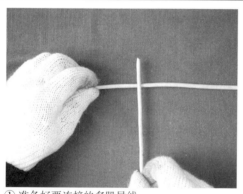

① 准备好要连接的多股导线

② 将多股铜导线接线头剥好，用螺丝刀将干路芯线撬为均匀的两组

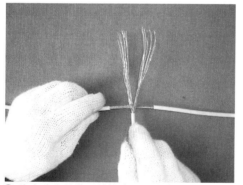

③ 将支路芯线散开并拉直，再将靠近绝缘层的1/8芯线头绞紧，然后将1/2支路芯线从干路芯线的中间穿过

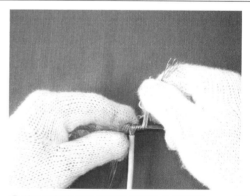

④ 将1/2支路芯线在干路芯线的右端缠绕6～8圈

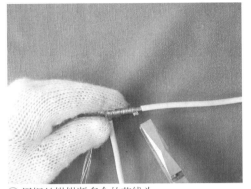

⑤ 用钢丝钳钳断多余的芯线头

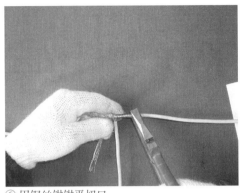

⑥ 用钢丝钳钳平切口

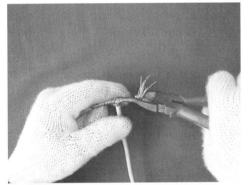

⑦ 用同样的方法处理另外1/2支路芯线

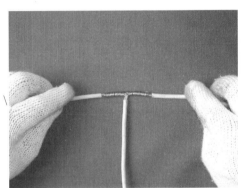

⑧ 连接完成后的效果

2.16.5　软导线与单股硬导线的连接

软导线与单股硬导线的连接见表2-10。

表2-10　软导线与单股硬导线的连接

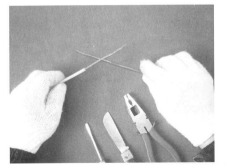

① 剥好两导线的绝缘层，注意剥好的接线线头应有足够的长度

② 将软导线在硬导线上缠绕6～8圈，将多余的软导线线头用断线钳钳断

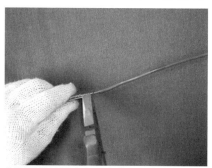

③ 将硬导线接线头向后弯曲，压紧缠绕的软导线，以防止软导线脱落

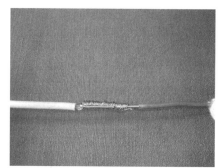

④ 连接完成后的效果，注意接线完成后应检查线与线之间是否接触牢靠，有无毛刺

2.17 导线绝缘层的恢复

导线绝缘层的恢复见表2-11。

表2-11 导线绝缘层的恢复

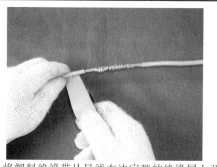

① 将塑料绝缘带从导线左边完整的绝缘层上开始包缠

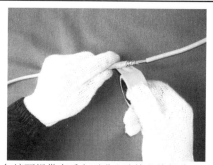

② 包缠两根带宽后方可进入连接芯线部分

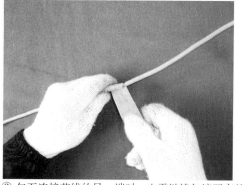

③ 包至连接芯线的另一端时，也需继续包缠至完整绝缘层上两根带宽的距离

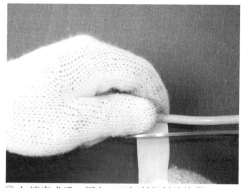

④ 包缠完成后，用电工刀切断塑料绝缘带

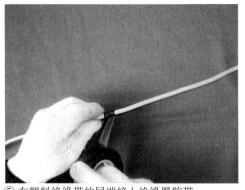

⑤ 在塑料绝缘带的尾端接上绝缘黑胶带

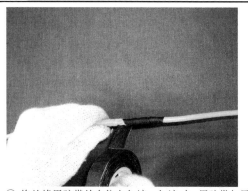

⑥ 将绝缘黑胶带从右往左包缠。包缠时，黑胶带与导线应保持55°倾斜角，其重叠部分约为带宽的1/2

⑦ 包缠完成后，用手撕断绝缘黑胶带

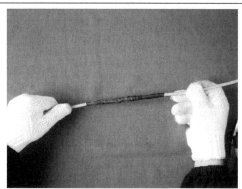

⑧ 绝缘层恢复后的效果

2.18 直导线在蝶式绝缘子上的绑扎

直导线在蝶式绝缘子上的绑扎见表2-12。

表2-12 直导线在蝶式绝缘子上的绑扎

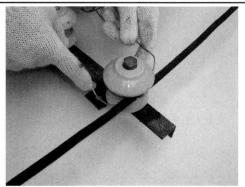

① 将导线放在绝缘子槽内后，将绑扎线套在导线与绝缘子上

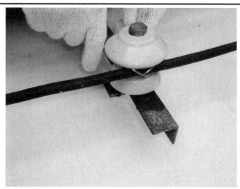

② 绑扎线与导线成"X"状交叉

家装电工从入门到精通

③ 绑扎线回头后缠绕在导线上

④ 将绑扎线在绝缘子右边的导线上缠绕10圈

⑤ 将绑扎线在绝缘子左边的导线上缠绕10圈

⑥ 缠绕完成后用钢丝钳进行拉紧整形，剪去多余的绑扎线头，完成绑扎

2.19 终端导线在蝶式绝缘子上的绑扎

终端导线在蝶式绝缘子上的绑扎见表2-13。

表2-13 终端导线在蝶式绝缘子上的绑扎

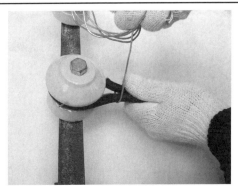

① 将绑扎线和导线一起套在蝶式绝缘子上，用绑扎线在导线上缠绕

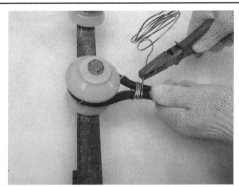

② 操作时用钢丝钳拉紧绑扎线，使其排列整齐

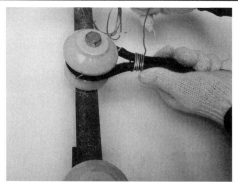

③ 注意，操作时两导线也应排列整齐

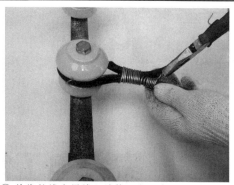

④ 将绑扎线在导线上缠绕一段距离后，在左边单根导线上缠绕5～6圈

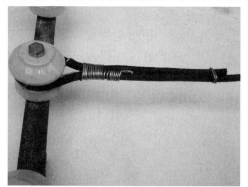

⑤ 将两绑扎线头用钢丝钳绞在一起，剪去多余的线头，并将右边导线的终端绑扎固定在左边导线上

⑥ 也可将右边导线的终端卷起来

家装电工常用测量仪表

在家装工作中常常要用到一些电气测量仪表，如万用表、钳形电流表、兆欧表等。这些仪表在安装、维修时是必不可少的，正确掌握、应用、保养好这些仪表，对家装工作有很大帮助。

3.1　指针式万用表

指针式万用表是家装电工必备的测量工具。指针式万用表可用来测量电阻、直流电流、交流电流、直流电压、交流电压等。功能较多的指针式万用表，还能测电感、电容、三极管放大倍数β等。

3.1.1　工作原理

指针式万用表是利用磁电式测量机构（表头）和测量线路通过转换开关来实现各种测量的，常用指针式万用表外形如图3-1所示。指针式万用表的表头是指针式万用表的核心，它是一块高灵敏度磁电式电流表，一般只能通过几微安到几百微安的电流，达到满刻度偏转。满刻度电流越小，表头灵敏度越高。指针式万用表都有一个或两个转换开关以实现多种测量功能，通过开关换接指针式万用表内部线路，来达到降压、分流等目的，以测量不同的电学物理量。指针式万用表的测量原理如图3-2所示。

3.1.2　使用前的准备工作

① 使用前的检查和调整。检查红色和黑色测试棒是否分别插入红色插孔（或标有"＋"号）和黑色插孔（或标有"－"号）并接触紧密，引线、笔杆、插头等处有无破损露铜现象。如有问题应立即解决，否则不能保证使用中的人身安全。观察万用表指针是否停在左边零位线上，如不指在零位线时，应调整中间的机械零位调节器，使指针指在零位线上。

(a) 500型万用表

(b) 小型万用表

图3-1　常用指针式万用表外形

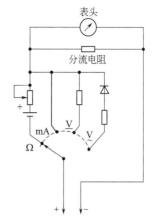

图3-2　指针式万用表测量原理示意

② 用转换开关正确选择测量种类和量程。根据被测对象，首先选择测量种类。严禁当转换开关置于电流挡或电阻挡时去测量电压，否则，将损坏万用表。测量种类选择妥当后，再选择该种类的量程。测量电压、电流时应使指针偏转在标度尺的中间附近，读数较为准确。若预先不知被测量的大小范围，为避免量程选得过小而损坏万用表，应选择该种类最大量程预测，然后再选择合适的量程。

③ 正确读数。指针式万用表的标度盘上有多条标度尺，它们代表不同的测量种类。测量时应根据转换开关所选择的种类及量程，在对应的标度尺上读数，并应注意所选择的量程与标度尺上读数的倍率关系。另外，读数时，眼睛应垂直于表面观察表盘。如果视线不垂直，将会产生视差，使得读数出现误差。为了消除视差，MF47等型号万用表在表面的标度盘上都装有反光镜，读数时，应移动视线使表针与反光镜中的表针镜像重合，这时的读数无视差，如图3-3所示。

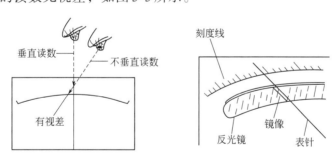

图3-3　指针式万用表的正确读数

3.1.3　测量电阻

① 被测电阻应处于不带电的情况下进行测量，防止损坏万用表。被测电路不能有并联支路，以免影响精度。

② 按估计的被测电阻值选择电阻量程开关的倍率，应使被测电阻接近该挡的欧姆中心值，即使表针偏转在标度尺的中间附近为好，并将交、直流电压量程开关置于"Ω"挡。

③ 测量以前，先进行"调零"。如图3-4所示，将两表笔短接，此时表针会很快指向电阻的零位附近，若表针未停在电阻零位上，则旋动下面的"Ω"钮，使其刚好停在零位上。

若调到底也不能使指针停在电阻零位上，则说明表内的电池电压不足，应更换新电池后再重新调节。测量中每次更换挡位后，均应重新调零。

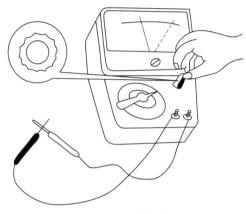

图3-4 欧姆调零

④ 测量非在路的电阻时，将两表笔（不分正、负）分别接被测电阻的两端，万用表即指示出被测电阻的阻值。测量电路板上的在路电阻时，应将被测电阻的一端从电路板上焊开，然后再进行测量，否则由于电路中其他元器件的影响测得的电阻误差将很大。测量高值电阻时，手不要接触表笔和被测物的引线，如图3-5所示。

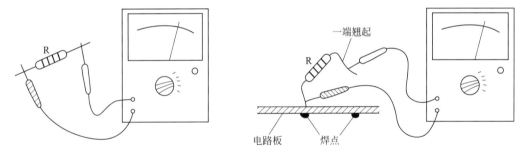

图3-5 测量电阻

⑤ 将读数乘以电阻量程开关所指倍率，即为被测电阻的阻值。

⑥ 测量完毕后，应将交、直流电压量程开关旋到交流电压最高量程上，可防止转换开关放在欧姆挡时表笔短路，长期消耗电量。

3.1.4 测量交流电压

① 将选择开关转到"V"挡的最高量程，或根据被测电压的概略数值选择适当量程。

② 测量1000～2500V的高压时，应采用专测高压的高级绝缘表笔和引线，将测量选择开关置于"1000V"挡，并将红表笔改插入"2500V"专用插孔。测量时，不要两只手同时拿两支表笔，必要时使用绝缘手套和绝缘垫；表笔插头与插孔应紧密接触，以防止测量中突然脱出后触及人体，使人触电。

③ 测量交流电压时，把表笔并联于被测的电路上。转换量程时不要带电。

④ 测量交流电压时，一般不需分清被测电压的火线和零线端的顺序，但已知火线和零线时，最好用红表笔接火线，黑表笔接零线，如图3-6所示。

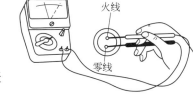

图3-6　测量交流电压

3.1.5　测量直流电压

① 将红表笔插在"＋"插孔，去测电路正极；将黑表笔插在"*"插孔，去测电路负极。

② 将万用表的选择量程开关置于"<u>V</u>"的最大量程，或根据被测电压的大约数值，选择合适的量程。

③ 如果指针反指，则说明表笔所接极性反了，应尽快更正过来重测。

3.1.6　测量直流电流

① 将选择量程开关转到"mA"部分的最高量程，或根据被测电流的大约数值，选择适当的量程。

② 将被测电路断开，留出两个测量接触点。将红表笔与电路正极相接，黑表笔与电路负极相接。改变量程，直到指针指向刻度盘的中间位置。不要带电转换量程。如图3-7所示。

③ 测量完毕后，应将选择量程开关转到电压最大挡上去。

图3-7　测量直流电流

3.1.7　常见故障及检修方法

指针式万用表的常见故障及检修方法见表3-1。

表3-1　指针式万用表的常见故障及检修方法

故 障 现 象	产 生 原 因	检 修 方 法
万用表指针摆动不正常，时摆时阻	① 机械平衡不好，指针与外壳玻璃或表盘相摩擦 ② 表头线或分流电阻断开 ③ 游丝绞住或游丝不规则 ④ 支撑部位卡死	① 打开表壳，用小镊子和螺丝刀整修机械摆动部位，使指针摆动灵活 ② 重新焊接表头线，分流电阻断开时重新连接，烧断时要换同型号的分流电阻 ③ 用镊子重新调整游丝外形，使其外环圈圆滑，布局均匀 ④ 整修支撑部位
万用表电阻挡无指示	① 电池无电或接触不良 ② 调整电位器中心焊接点引线断开或电位器接触不良 ③ 转换开关触点接触不良或引线断开	① 重新装配万用表电池，或更换新电池 ② 重新焊接连线，并调整电位器中心触片使其与电阻丝接触良好 ③ 擦净触点油污，并修整触片。如果焊接连接线断开，要重新焊接

故障现象	产生原因	检修方法
万用表电阻挡在表笔短路时，指针调整不到零位，或指针来回摆动不稳	① 电池电能即将耗尽 ② 串联电阻值变大 ③ 表笔与万用表插头处接触不良 ④ 转换开关接触不良 ⑤ 调零电位器接触不良	① 更换同型号新电池 ② 更换串联电阻 ③ 调整插座弹片，使其接触良好，并去掉表笔插头及插座上的氧化层 ④ 用酒精清洗万用表转换开关接触触头，并校正动触点与静触片的接触距离 ⑤ 用镊子把调零电位器中间的动触片往下压些，使其与静触点电阻丝接触良好
万用表电阻挡量程不通或误差太大	① 串联电阻断开或电阻值变化 ② 转换开关接触不良 ③ 该挡分流电阻断路或短路 ④ 电池电量不足	① 更换同样阻值功率的电阻 ② 用酒精擦洗并修理接触不良处 ③ 更换该挡分流电阻 ④ 更换同型号的新电池
万用表直流电压挡在测量时不指示电压	① 测电压部分开关公用焊接线脱焊 ② 转换开关接触不良 ③ 表笔插头与万用表接触不良 ④ 最小量程挡附加电阻断线	① 重新焊接测电压部分脱焊的连接线 ② 用酒精擦净转换开关油污并调整转换开关接触压力 ③ 修整表笔插头与插座的接触处，使其接触良好 ④ 焊接附加电阻连接线
万用表直流电压挡某量程不通或某量程测量误差大	① 转换开关接触不良，或该挡附加电阻脱焊烧断 ② 某量程附加电阻阻值变化使其测量不准	① 修整转换开关触片，并重新焊接或更换该量程的附加串联电阻 ② 更换某量程的附加串联电阻
万用表直流电流挡不指示电流	① 转换开关接触不良 ② 表笔与万用表有接触不良处 ③ 表头串联电阻损坏或脱焊 ④ 表头线圈脱焊或线圈断路	① 打开万用表调整修理转换开关 ② 修理表笔与万用表接触处，使其紧密配合 ③ 更换表头串联电阻或焊接脱焊处 ④ 焊接表头线圈，使其重新接通，若表头线圈损坏则应更换
万用表直流电流挡各挡测量值偏高或偏低	① 表头串联电阻值变大或变小 ② 分流电阻值变大或变小 ③ 表头灵敏度降低	① 更换电阻 ② 更换分流电阻 ③ 根据具体情况处理。若游丝绞住要重新修好，表头线圈损坏要更换
万用表交流电压挡指针轻微摆动指示差别太大	① 万用表插头与插座处接触不良 ② 转换开关触点接触不良 ③ 整流全桥或整流二极管短路、断路	① 修理万用表插头与万用表插座处，使其接触良好 ② 检修转换开关 ③ 更换短路或断路的二极管或全桥块

3.2　数字万用表

数字万用表是家电维修常用仪表，数字万用表以其测量精度高、显示直观、速度快、功能全、可靠性好、小巧轻便、省电及便于操作等优点，受到家电维修者的普遍欢迎。图3-8是DT-830型数字万用表的外形。

数字万用表的使用方法如下。

① 当万用表出现显示不准或显示值跳变异常情况时，可先检查表内9V电池是否失效，若电池良好，则表内电路有故障，应检修。

② 直流电压的测量。将量程开关有黑线的一端拨至"DCV"范围内的适当量程挡，黑表笔接入"COM"插口，红表笔插入"V·Ω"插口。将电源开关拨至"ON"，红表笔接被测电压的正极，黑表笔接负极，显示屏上便显示测量值。如果显示是"1."，则说明量程选得太小，应将量程开关向较大一级电压挡拨；如果显示的是一个负数，则说明表笔插反了，应更正过来。量程开关置于×200m挡，显示值以"mV"为单位，其余四挡以"V"为单位。

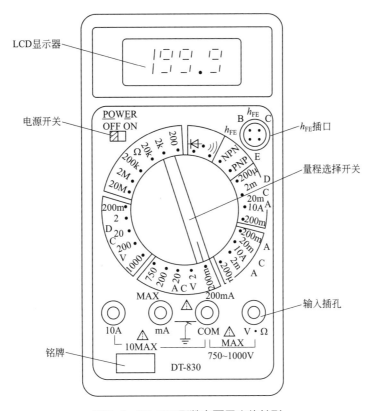

图3-8 DT-830型数字万用表的外形

③ 交流电压的测量。将量程开关拨至"ACV"范围内适当量程挡，表笔接法同上，其测量方法与测量直流电压相同。

④ 直流电流的测量。将量程开关拨至"DCA"范围内适当的量程挡，黑表笔插入"COM"插孔，红表笔根据估计的被测电流的大小插入相应的"mA"或"10A"插口，使仪表与被测电路串联，注意表笔的极性，接通表内电源，显示器便显示直流电流值。显示器显示的数值，其单位与量程开关拨至的相应挡的单位有关。若量程开关置于200m、20m、2m三挡时，则显示值以"mA"为单位；若置于200μ挡，则显示值以"μA"为单位；若

置于10A挡，显示值以"A"为单位。

⑤ 交流电流的测量。将量程开关拨到"ACA"范围内适当的量程挡，黑表笔插入"COM"插孔，红表笔也按量程不同插入"mA"或"10A"插口，表与被测电路串联，表笔不分正负，显示器便显示交流电流值，如图3-9所示。

⑥ 电阻的测量。将量程开关拨到"Ω"范围内适当的量程挡，红表笔插入"V·Ω"插口，黑表笔插入"COM"插孔，两表笔分别接触电阻两端，显示器便显示电阻值。量程开关置于20M或2M挡，显示值以"MΩ"为单位，200挡显示值以"Ω"为单位，2k、20k、200k挡显示值以"kΩ"为单位。需要指出的是不可带电测量电阻。

⑦ 线路通、断的检查。将量程开关拨至蜂鸣器挡，红、黑表笔分别插入"V·Ω"和"COM"插口。若被测线路电阻低于20Ω，蜂鸣器发出叫声，则说明线路接通；反之，表示线路不通或接触不良。注意，被测线路在测量之前应关断电源。

⑧ 二极管的测量。将量程开关拨至二极管符号挡，红表笔插入"V·Ω"插孔，黑表笔插入"COM"插口，将表笔尖接至二极管两端。数字式万用表显示的是二极管的压降。正常情况下，正向测量时，锗管应显示0.150～0.300V，硅管应显示0.550～0.700V，反向测量时为溢出"1."。若正反测量均显示"0.000"，说明二极管短路；正向测量显示溢出"1."，说明二极管开路。

⑨ 晶体管h_{FE}的测量。根据晶体管的类型，把量程开关拨到"PNP"或"NPN"挡，将被测管子的e、b、c极分别插入h_{FE}插口对应的孔内，显示器便显示管子的h_{FE}值，如图3-10所示。

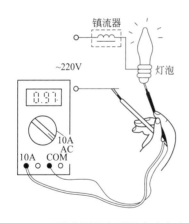

图3-9　用数字万用表测量交流电流

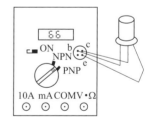

图3-10　用数字万用表测量晶体管h_{FE}

3.3　钳形电流表

用万用表测量线路中的电流，需断开电路将万用表串联在线路中，而万用表一般只能测量较小的电流。钳形电流表则可在不断开电源的情况下，直接测量线路中的大电流。图3-11是钳形电流表外形。

图3-11　钳形电流表外形

3.3.1　使用注意事项

①　在使用钳形电流表时，要正确选择钳形电流表的挡位位置，如图3-12所示。测量前，根据负载的大小粗估一下电流数值，然后从大挡往小挡切换，换挡时被测导线要置于钳形电流表的卡口之外。

②　检查表针在不测量电流时是否指向零位，若未指零，应用小螺丝刀调整表头上的调零螺钉使表针指向零位，以提高读数准确度。

③　测量电动机电流时，扳开钳口活动衔铁，将电动机的一根电源线放在钳口中央位置，如图3-13所示，测量电动机电源三相中的L1相，然后松手使钳口密合好。如果钳口接触不好，应检查是否弹簧损坏或有脏污，如有污垢，用干布清除后再测量。

图3-12　测量前应先选定好测量挡位

图3-13　测量电动机电源三相中的L1相

④　在使用钳形电流表时要尽量远离强磁场（如通电的自耦调压器、磁铁等），以减小磁场对钳形电流表的影响。

⑤　测量较小的电流时，如果钳形电流表量程较大，可将被测导线在钳形电流表口内绕几圈，然后再读数。线路中实际的电流值应为仪表读数除以导线在钳形电流表上绕的匝数。

3.3.2　常见故障及检修方法

钳形电流表的常见故障及检修方法见表3-2。

表3-2　钳形电流表的常见故障及检修方法

故障现象	产生原因	检修方法
钳形电流表测量不准	① 钳形电流表的挡位位置选择不正确 ② 钳形电流表表针未调零 ③ 钳形电流表所卡测的导线未放入钳口中央或卡口处有污垢 ④ 钳形电流表有强磁场影响	① 正确选择挡位位置。换挡时，要将被测导线置于钳形电流表卡口之外 ② 调整表头上的调零螺钉使表针指向零位 ③ 测量时，将被测导线放在钳口中央位置，然后松手使钳口密合好。如果钳口接触不好，应检查弹簧是否损坏或有污垢，如有污垢，用布清除后再测量 ④ 尽量远离强磁场
钳形电流表不能测量较小的电流	① 钳形电流表挡位设置少 ② 钳形电流表内部整流二极管某只损坏	① 可将被测导线在钳形电流表口内绕几圈，然后去读数。线路中实际的电流值应为仪表读数除以导线在表口上绕的匝数 ② 测出某只损坏，应更换同型号的二极管

3.4　兆欧表

兆欧表俗称摇表、绝缘摇表或麦格表，如图3-14所示。兆欧表主要用来测量电气设备的绝缘电阻，如电动机、电气线路的绝缘电阻，判断设备或线路有无漏电、绝缘损坏或短路现象。

兆欧表的主要组成部分是一个磁电式流比计和一个作为测量电源的手摇高压直流发电机。兆欧表的线路如图3-15所示。

兆欧表的工作原理如图3-16所示。与兆欧表表针相连的有两个线圈，一个同表内的附加电阻 R_f 串联，另一个和被测的电阻 R 串联，然后一起接到手摇发电机上。当手摇动发电机时，两个线圈中同时有电流通过，在两个线圈上产生方向相反的转矩，表针就随着两个转矩的合成转矩的大小而偏转某一角度，这个偏转角度决定于两个电流的比值，附加电阻是不变的，所以电流值仅取决于待测电阻的大小。

图3-14　兆欧表外形

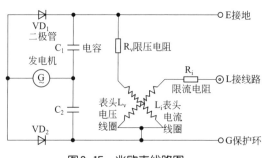

图3-15　兆欧表线路图

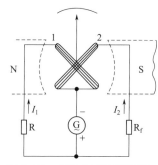

图5-16　兆欧表工作原理图

值得一提的是，兆欧表测得的是在额定电压作用下的绝缘电阻阻值。万用表虽然也能测得数千欧的绝缘阻值，但它所测得的绝缘阻值只能作为参考，因为万用表所使用的电池电压较低，绝缘物质在电压较低时不易击穿，而一般被测量的电气设备，均要接在较高的工作电压上工作，因此，只能采用兆欧表来测量。一般还规定在测量额定电压在500V以上的电气设备的绝缘电阻时，必须选用1000～2500V兆欧表。测量500V以下电压的电气设备，则以选用500V兆欧表为宜。

3.4.1　使用注意事项

① 正确选择电压和测量范围。应根据被测电气设备的额定电压选用兆欧表的电压等级：一般测量50V以下的用电设备绝缘情况时，可选用250V兆欧表；测量50～380V的用电设备绝缘情况时，可选用500V兆欧表。测量500V以下的电气设备，兆欧表应选用读数从零开始的，否则不易测量。

② 选用兆欧表外接导线时，应选用单根的多股铜导线，不能用双股绝缘线，绝缘强度要在500V以上，否则会影响测量的精确度。

③ 测量电气设备绝缘电阻时，测量前必须先断开设备的电源并验明无电。如果是电容器或较长的电缆线路，应放电后再测量。

④ 使用兆欧表时必须远离强磁场，并且平放。摇动兆欧表时，切勿使表受振动。

⑤ 在测量前，兆欧表应先做一次开路试验，然后再做一次两表线直接接通试验。表针在开路试验中应指到"∞"（无穷大）处；而在两表线直接接通试验中表针能摆到"0"处，这表明兆欧表工作状态正常，可测电气设备。

⑥ 测量时应清洁被测电气设备表面，以免引起接触电阻大，测量结果不准。

⑦ 在测电容器的绝缘电阻时需注意，电容器的耐压必须大于兆欧表输出的电压值。测完电容后，应先取下兆欧表线再停止摇动摇把，以防止已充电的电容向兆欧表放电而损坏仪表。测完的电容要用电阻进行放电。

⑧ 用兆欧表进行测量时，还需注意摇表上"L"端子应与电气设备的带电体一端相连，而标有"E"的接地端子应接配电设备的外壳或接电动机外壳或地线，如图3-17所示。如果是测量电缆的绝缘电阻，除把兆欧表接地端接入电气设备接地之外，另一端接线路后，还需再将电缆芯之间的内层绝缘物接"保护环"，以消除因表面漏电而引起的读数误差，如图3-18所示。

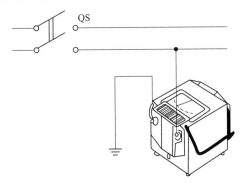

图3-17　用兆欧表测量线路对地绝缘

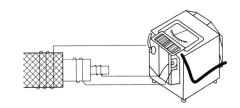

图3-18　兆欧表测电缆时示意图

⑨ 若遇天气潮湿或空气湿度较大时，应使用"保护环"以消除绝缘物表面泄流，使被测物绝缘电阻比实际值偏低。

⑩ 使用兆欧表测试完毕后，也应对电气设备进行一次放电。

⑪ 使用兆欧表时要保持一定的转速，一般为120r/min，容许变动±20%，在1min后取一稳定读数。测量时不要用手触摸被测物及兆欧表接线柱，以防触电。

⑫ 摇动兆欧表手柄，应先慢再逐渐加快，待调速器发生滑动后，应保持转速稳定不变。如果被测电气设备短路，表针摆动到"0"时，应停止摇动手柄，以免兆欧表过流发热烧坏。

⑬ 兆欧表在不使用时应放于固定柜橱内，周围温度不宜太低或太高，切忌放于污秽、潮湿的地面上，并避免置于含侵蚀作用的气体附近，以免兆欧表的内部线圈、导流片等零件发生受潮、生锈和腐蚀等现象。

⑭ 应尽量避免长期剧烈的振动，否则可能造成表头轴尖变秃或宝石破裂，影响指示。

⑮ 禁止在雷电时或在邻近有带高压导体的设备时用兆欧表进行测量，只有在设备不带电又不可能受其他电源感应而带电时才能进行测量。

3.4.2 常见故障及检修方法

兆欧表的常见故障及检修方法见表3-3。

表3-3 兆欧表的常见故障及检修方法

故障现象	产生原因	检修方法
兆欧表发电机发不出电压或电压很低，摇柄摇动很重	① 发电机发不出电压可能是线路接头有断线处 ② 发电机绕组断线或其中一个绕组断线 ③ 碳刷接触不好或碳刷磨损严重，压力不够 ④ 整流子环击穿短路或太脏 ⑤ 发电机并联电容击穿 ⑥ 转子线圈短路 ⑦ 兆欧表内部接线有短路处 ⑧ 发电机整流环有污物，造成短路	① 找出断线处，重新焊接好 ② 焊接发电机绕组断线处或重新绕线圈 ③ 清除污物后更换新碳刷，用细砂纸打磨碳刷，使碳刷在刷架内活动自如 ④ 用酒精清洗整流环，清除污物并吹干，重新装配 ⑤ 更换同等耐压级别、同等容量的电容 ⑥ 重新绕制转子线圈 ⑦ 检查各接头有无短路处或因振动使其焊接线脱开而短路到别的接点上，恢复原位，重新焊好 ⑧ 拆下转子，用酒精刷净，吹干，重新装配
兆欧表指针不指零位	① 导丝变形 ② 电流线圈或零点平衡线圈有短路或断路处 ③ 电流回路电阻值变大或变小 ④ 电压回路电阻值变大或变小	① 配换同型号导丝 ② 重新绕制电流线圈或零点平衡线圈 ③ 更换同规格的电流回路电阻 ④ 更换同规格的电压回路电阻
兆欧表在两表笔开路时指针指不到或超过"∞"位置	① 表头导丝变形，残余力矩比原来变大 ② 电压回路电阻值变大 ③ 发电机发出电压不够 ④ 电压线圈有短路或断路处 ⑤ 指针超过"∞"时，电压回路电阻变小 ⑥ 指针超过"∞"时，有无穷大平衡线圈短路或断路 ⑦ 指针超过"∞"时，表头导丝变形，残余力矩比原来减小	① 更换同型号导丝 ② 更换新的电压回路电阻 ③ 检查发电机发出电压不足的原因。若是碳刷接触不好，要更换碳刷；若是整流环短路，要用酒精清洗并吹干；若是整流二极管损坏，要更换 ④ 重新绕制电压线圈 ⑤ 更换电压回路变小的电阻 ⑥ 重新绕制无穷大平衡线圈 ⑦ 用镊子修理导丝，如果变形严重，要更换表头导丝

故障现象	产生原因	检修方法
兆欧表指针不能转动，或转到某一位置时有卡住现象	① 兆欧表指针没有平衡于表壳玻璃罩及纸盘中间，造成表针与表壳或纸盘相摩擦 ② 支撑线圈的上、下轴尖松动，造成线圈与铁芯极掌相碰 ③ 线圈内部的铁芯与极掌之间有铁屑、杂物等 ④ 兆欧表可动线圈框架内部与铁芯相摩擦 ⑤ 由于导丝变形使指针摆动时与其他固定物相擦 ⑥ 兆欧表指示表盘里或线圈与铁芯之间落进细小毛物	① 用小镊子细心地把指针捏到平衡于表壳玻璃及纸盘的中间位置处 ② 重新调整上、下轴尖，紧固好宝石螺钉 ③ 拆开兆欧表，用毛刷清除铁芯与极掌之间的铁屑或其他杂物 ④ 一般是由于紧固铁芯螺钉松动引起，所以要紧固固定铁芯的螺钉 ⑤ 用镊子整形导丝或更换新导丝 ⑥ 拆开兆欧表，用小细毛刷清除兆欧表表盘以及线圈与铁芯之间的细小毛物

3.5 数字兆欧表

数字兆欧表采用三位半LCD显示器显示，测试电压由直流电压变换器将9V直流电压变成250V、500V、1000V直流，并采用数字电桥进行高阻测量，具有量程宽、读数直观、携带使用方便、整机性能稳定等优点，适用于各种电气绝缘电阻的测量。图3-19是数字兆欧表的外形。

图3-19 数字兆欧表

（1）数字兆欧表的技术数据

数字兆欧表的技术数据见表3-4。

表3-4 数字兆欧表的技术数据

测试电压	250V ± 10%	500V ± 10%	1000V ± 10%
量程	0.01 ～ 20.00MΩ 0.1 ～ 200.0MΩ 0 ～ 2000MΩ		
准确度	± （4%读数 + 2个字）		
中值电阻	2MΩ	2MΩ	5MΩ
短路电流	1.7mA	1.7mA	1.4mA
插孔位置	LE$_1$	LE$_1$	LE$_2$

（2）数字兆欧表的使用方法

① 将电源开关打开，显示器高位显示"1."。

② 根据测量需要选择相应的量程（0.01～20.00MΩ、0.1～200.0MΩ、0～2000MΩ），并按下。

③ 根据测量需要选择相应的测试电压（250V、500V、1000V），并按下。

④ 将被测对象的电极接入兆欧表相应的插孔，测试电缆时，插孔"G"接保护环。

⑤ 将输入线"L"接至被测对象线路端，要求"L"引线尽量悬空，"E1"或"E2"接至被测对象地端。

⑥ 压下测试按键"PUSH"（此时高压指示LED点亮）进行测试，当显示值稳定后即可读数，读值完毕后松开"PUSH"按键。

⑦ 如显示器最高位仅显示"1."，表示超量程，需要换至高量程挡，当量程按键已处在0～2000MΩ挡时，则表示绝缘电阻已超过2000MΩ。

（3）数字兆欧表的使用注意事项

① 测试前应检查被测对象是否完全脱离电网供电，并应短路放电，以证明被测对象不存在电力危险，保障测试操作安全。

② 测试时，不允许手持测试端，以保证读数准确和人身安全。

③ 测试时如显示读数不稳，有可能是环境干扰或绝缘材料不稳定的影响，此时将"G"端接到被测对象屏蔽端，可使读数稳定。

④ 电池不足时，LCD显示器上有欠压符号"LOBAT"显示，应及时更换电池，长期存放时应取出电池，以免电池漏液损坏仪表。

⑤ 由于仪表具有自动关机功能，如在测试过程中遇到仪表自动关机时，则需关闭电源开关，重新打开开关，即可恢复测试。

⑥ 空载时，如有数字显示，属正常现象，不会影响测试。

⑦ 为保证测试安全和减少干扰，测试线采用硅橡胶材料，勿随意更换。

⑧ 仪表勿置于高温、潮湿处存放，以延长使用寿命。

第4章

家装常用低压电器及应用

在家装行业中，常会用到许多低压电器，掌握这些低压电器的工作原理、性能以及在应用中的注意事项，对从事家装行业的工作人员十分必要。只有掌握这些常用电气元器件的基本性能，才能熟练、正确、快速地安装及维修好各种各样的电气线路及设备。

4.1 胶盖刀开关

胶盖刀开关又叫开启式负荷开关，其结构简单、价格低廉、应用维修方便，常用作照明电路的电源开关，也可用于5.5kW以下电动机作不频繁启动和停止控制。胶盖刀开关的外形和结构如图4-1所示。

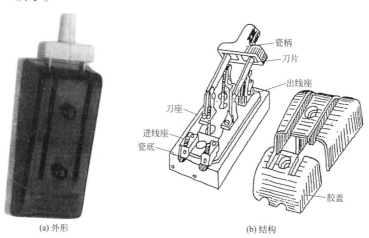

(a) 外形　　　　　　　　　　(b) 结构

图4-1　胶盖刀开关

4.1.1 胶盖刀开关的型号

应用较广泛的胶盖刀开关为HK系列，其型号的含义如下。

4.1.2　胶盖刀开关的基本技术参数

HK系列胶盖刀开关的基本技术参数见表4-1。

表4-1　HK系列胶盖刀开关的基本技术参数

型　号	额定电压/V	额定电流/A	极数	可控制电动机功率/kW	最大分断电流/A	配用熔丝规格			
						熔丝线径/mm	成分/%		
							铅	锡	锑
HK1-15	220	15	2	1.1	500	1.45～1.59	98	1	1
HK1-30		30		1.5	1000	2.3～2.52			
HK1-60		60		3.0	1500	3.36～4			
HK1-15	380	15	3	2.2	500	1.45～1.59			
HK1-30		30		4.0	1000	2.3～2.52			
HK1-60		60		5.5	1500	3.36～4			
HK2-10	220	10	2	1.1	500	0.25	含铜量不少于99.9%		
HK2-15		15		1.5	500	0.41			
HK2-30		30		3.0	1000	0.56			
HK2-60		60		4.5	1500	0.65			
HK2-15	380	15	3	2.2	500	0.45			
HK2-30		30		4.0	1000	0.71			
HK2-60		60		5.5	1500	1.12			

4.1.3　胶盖刀开关的选用

① 对于普通负载，选用的额定电压为220V或250V，额定电流不小于电路最大工作电流；对于电动机，选用的额定电压为380V或500V，额定电流为电动机额定电流的3倍。

② 在一般照明线路中，瓷底胶盖闸刀开关的额定电压大于或等于线路的额定电压，常选用250V、220V；而额定电流等于或稍大于线路的额定电流，常选用10A、15A、30A。

4.1.4　胶盖刀开关的安装和使用注意事项

① 胶盖刀开关必须垂直安装在控制屏或开关板上，不能倒装，即接通状态时手柄朝上，否则有可能在分断状态时闸刀开关松动落下，造成误接通。

② 安装接线时，刀闸上桩头接电源，下桩头接负载。接线时进线和出线不能接反，否则在更换熔断丝时会发生触电事故。

③ 操作胶盖刀开关时，不能带重负载，因为HK1系列瓷底胶盖闸刀开关不设专门的灭弧装置，它仅利用胶盖的遮护防止电弧灼伤。

④ 如果要带一般性负载操作，动作应迅速，使电弧较快熄灭，一方面不易灼伤人手，另一方面也减少电弧对动触头和静夹座的损坏。

4.1.5　胶盖刀开关的常见故障及检修方法

胶盖刀开关的常见故障及检修方法见表4-2。

表4-2　胶盖刀开关的常见故障及检修方法

故障现象	产生原因	检修方法
保险丝熔断	① 刀开关下桩头所带的负载短路 ② 刀开关下桩头负载过大 ③ 刀开关保险丝未压紧	① 把闸刀拉下，找出线路的短路点，修复后，更换同型号的保险丝 ② 在刀开关容量允许范围内更换额定电流大一级的保险 ③ 更换新垫片后用螺钉把保险丝压紧
开关烧坏，螺钉孔内沥青熔化	① 刀片与底座插口接触不良 ② 开关压线固定螺钉未压紧 ③ 刀片合闸时合得过浅 ④ 开关容量与负载不配套，过小 ⑤ 负载端短路，引起开关短路或弧光短路	① 在断开电源的情况下，用钳子修整开关底座口片使其与刀片接触良好 ② 重新压紧固定螺钉 ③ 改变操作方法，使每次合闸时用力把闸刀合到位 ④ 在线路容量允许的情况下，更换额定电流大一级的开关 ⑤ 更换同型号新开关，平时要注意，尽可能避免接触不良和短路事故的发生
开关漏电	① 开关潮湿，被雨淋浸蚀 ② 开关在油污、导电粉尘环境工作过久	① 如受雨淋严重，要拆下开关进行烘干处理再装上使用 ② 如环境条件极差，要采用防护箱，把开关保护起来后再使用
拉闸后刀片及开关下桩头仍带电	① 进线与出线上下接反 ② 开关倒装或水平安装	① 更正接线方式，必须是上桩头接入电源进线，而下桩头接负载端 ② 禁止倒装和水平装设胶盖刀开关

4.2　铁壳开关

铁壳开关又叫封闭式负荷开关，具有通断性能好、操作方便、使用安全等优点。铁壳开关主要用于各种配电设备中手动不频繁接通和分断负载的电路。交流380V/60A及以下等级的铁壳开关还可用于15kW及以下三相交流电动机的不频繁接通和分断控制。铁壳开关的外形结构如图4-2所示。

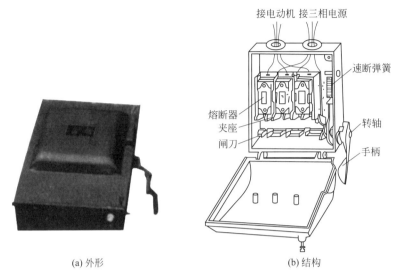

(a) 外形   (b) 结构

图4-2 铁壳开关

4.2.1 铁壳开关的型号

常用铁壳开关为HH系列，其型号的含义如下。

4.2.2 铁壳开关的技术参数

常用HH3、HH4系列铁壳开关的主要技术参数见表4-3。

表4-3 常用HH3、HH4系列铁壳开关的主要技术参数

型号	额定电流/A	额定电压/V	极数	熔体主要参数		
				额定电流/A	线径/mm	材料
HH3	15	440	2，3	6	0.26	纯铜丝
				10	0.35	
				15	0.46	
	30			20	0.65	
				25	0.71	
				30	0.81	
	60			40	1.02	
				50	1.22	
				60	1.32	

续表

型号	额定电流/A	额定电压/V	极数	熔体主要参数		
				额定电流/A	线径/mm	材料
HH4	15	380	2，3	6 10 15	1.08 1.25 1.98	软铅丝
	30			20 25 30	0.61 0.71 0.80	纯铜丝
	60			40 50 60	0.92 1.07 1.20	

4.2.3 铁壳开关的选用

① 铁壳开关用来控制感应电动机时，应使开关的额定电流为电动机满载电流的3倍以上。

② 选择熔断丝要使熔断丝的额定电流为电动机的额定电流的1.5～2.5倍。更换熔丝时，管内石英砂应重新调整再使用。

4.2.4 铁壳开关的安装和使用注意事项

① 为了保障安全，开关外壳必须连接良好的接地线。

② 接开关时，要把接线压紧，以防烧坏开关内部的绝缘。

③ 为了安全，在铁壳开关钢质外壳上装有机械联锁装置，当壳盖打开时，不能合闸；合闸后，壳盖不能打开。

④ 安装时，先预埋固定件，将木质配电板用紧固件固定在墙壁或柱子上，再将铁壳开关固定在木质配电板上。

⑤ 铁壳开关应垂直于地面安装，其安装高度以手动操作方便为宜，通常在1.3～1.5m左右。

⑥ 铁壳开关的电源进线和开关的输出线，都必须经过铁壳的进出线孔。安装接线时应在进出线孔处加装橡胶垫圈，以防尘土落入铁壳内。

⑦ 操作时，必须注意不得面对铁壳开关拉闸或合闸，一般用左手操作合闸。若更换熔丝，必须在拉闸后进行。

4.2.5 铁壳开关的常见故障及检修方法

铁壳开关的常见故障及检修方法见表4-4。

表4-4 铁壳开关的常见故障及检修方法

故 障 现 象	产 生 原 因	检 修 方 法
合闸后一相或两相没电	① 夹座弹性消失或开口过大 ② 熔丝熔断或接触不良 ③ 夹座、动触头氧化或有污垢 ④ 电源进线头或出线头氧化	① 更换夹座 ② 更换熔丝 ③ 清洁夹座或动触头 ④ 检查进、出线头
动触头或夹座过热或烧坏	① 开关容量太小 ② 分、合闸时动作太慢造成电弧过大，烧坏触头 ③ 夹座表面烧毛 ④ 动触头与夹座压力不足 ⑤ 负载过大	① 更换较大容量的开关 ② 改进操作方法，分、合闸时动作要迅速 ③ 用细锉刀修整 ④ 调整夹座压力，使其适当 ⑤ 减轻负载或调换较大容量的开关
操作手柄带电	① 外壳接地线接触不良 ② 电源线绝缘损坏	① 检查接地线，并重新接好 ② 更换合格的导线

4.3 低压熔断器

熔断器是一种广泛应用的最简单有效的保护电器之一，其主体是低熔点金属丝或金属薄片制成的熔体，串联在被保护的电路中。在正常情况下，熔体相当于一根导线，当发生短路或过载时，电流很大，熔体因过热熔化而切断电路。熔断器具有结构简单、价格低廉、使用和维护方便等优点。常用的低压熔断器有瓷插式、螺旋式、无填料封闭管式、有填料封闭管式等几种。

常用熔断器型号的含义如下。

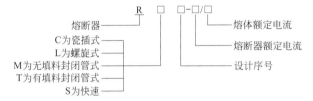

4.3.1 瓷插式熔断器

瓷插式熔断器结构简单、价格低廉、更换熔丝方便，广泛用于照明和小容量电动机的短路保护。常用的RC1A系列瓷插式熔断器的外形和结构如图4-3所示。

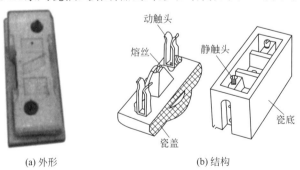

(a) 外形   (b) 结构

图4-3 RC1A系列瓷插式熔断器

RC1A系列瓷插式熔断器的主要技术参数见表4-5。

表4-5　RC1A系列瓷插式熔断器的主要技术参数

熔断器额定电流/A	熔体额定电流/A	熔体材料	熔体直径/mm	极限分断能力/A	交流回路功率因数 $\cos\varphi$
5	2 5	软铅丝	0.52 0.71	250	0.8
10	2 4 6 10		0.52 0.82 1.08 1.25	500	
15	15		1.98		
30	20 25 30	铜丝	0.61 0.71 0.81	1500	0.7
60	40 50 60		0.92 1.07 1.20	3000	0.6
100	80 100		1.55 1.80		

4.3.2　螺旋式熔断器

　　螺旋式熔断器主要由瓷帽、熔断管（熔芯）、瓷套、上接线桩、下接线桩及底座等组成。常用的RL1系列螺旋式熔断器的外形和结构如图4-4所示。它具有熔断快、分断能力强、体积小、更换熔丝方便、安全可靠和熔丝熔断后有显示等优点，适用于额定电压380V及以下、电流在200A以内的交流电路或电动机控制电路中，作过载或短路保护用。

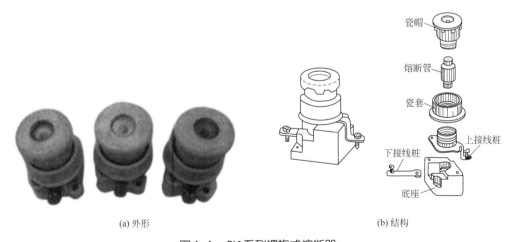

(a) 外形　　　　　　　　　　　(b) 结构

图4-4　RL1系列螺旋式熔断器

螺旋式熔断器的熔断管内除装有熔丝外，还填满起灭弧作用的石英砂。熔断管的上盖中心装有红色熔断指示器，一旦熔丝熔断，指示器即从熔断管上盖中跳出，显示熔丝已熔断，并可从瓷盖上的玻璃窗口直接发现，以便拆换熔断管。

使用螺旋式熔断器时，用电设备的连接线应接到金属螺旋壳的上接线端，电源线应接到底座的下接线端，使旋出瓷帽更换熔丝时金属壳上不会带电，以确保用电安全。

RL系列螺旋式熔断器的主要技术参数见表4-6。

表4-6 RL系列螺旋式熔断器的主要技术参数

型　　号	额定电压/V	熔断器额定电流/A	熔断管额定电流/A	额定分断能力/kA
RL1—15	500	15	2，4，6，10，15	2
RL1—60	500	60	20，25，30，35，40，50，60	3.5
RL1—100	500	100	60，80，100	20
RL1—200	500	200	100，125，150，200	50
RL2—25	500	25	2，4，6，15，20	1
RL2—60	500	60	25，35，50，60	2
RL2—100	500	100	80，100	3.5
RL6—25	500	25	2，4，6，10，16，20，25	50
RL6—63	500	63	35，50，63	50

4.4　低压断路器

低压断路器又称自动空气开关或自动空气断路器，主要用于低压动力线路中，当电路发生过载、短路、失压等故障时，它的电磁脱扣器自动脱扣进行短路保护，直接将三相电源同时切断，保护电路和用电设备的安全。在正常情况下也可用于不频繁地接通和断开电路或控制电动机。

低压断路器具有多种保护功能，动作后不需要更换元件，其动作电流可按需要方便地调整，工作可靠、安装方便、分断能力较强，因而在电路中得到广泛的应用。

低压断路器按结构形式可分为塑壳式（又称装置式）和框架式（又称万能式）两大类，常用的DZ5-20型塑壳式和DW10型框架式低压断路器的外形如图4-5所示。框架式断路器为敞开式结构，适用于大容量配电装置；塑料外壳式断路器的特点是外壳用绝缘材料制作，具有良好的安全性，广泛用于电气控制设备及建筑物内作电源线路保护，及对电动机进行过载和短路保护。

(a) DZ5-20型塑壳式低压断路器　　　　(b) DW10型框架式低压断路器

图4-5　低压断路器

4.4.1　低压断路器的型号

低压断路器的型号含义如下。

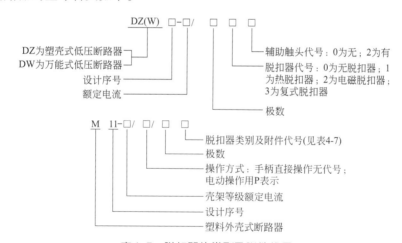

DZ(W) □-□/ □ □ □

DZ为塑壳式低压断路器
DW为万能式低压断路器
设计序号
额定电流

辅助触头代号：0为无；2为有
脱扣器代号：0为无脱扣器；1为热脱扣器；2为电磁脱扣器；3为复式脱扣器
极数

M 11-□/ □/ □ □

脱扣器类别及附件代号(见表4-7)
极数
操作方式：手柄直接操作无代号；电动操作用P表示
壳架等级额定电流
设计序号
塑料外壳断路器

表4-7　脱扣器的类别及附件代号

类别	不带附件	分励脱扣器	辅助触头	欠电压脱扣器	分励脱扣器辅助触头	分励脱扣器欠电压脱扣器	二组辅助触头	辅助触头失电压脱扣器
无脱扣器	00	—	02	—	—	—	06	—
热脱扣器	10	11	12	13	14	15	16	17
电磁脱扣器	20	21	22	23	24	25	26	27
复式脱扣器	30	31	32	33	34	35	36	37

4.4.2　低压断路器的主要技术参数

DZ5-20系列断路器的主要技术参数见表4-8。

表4-8 DZ5-20系列断路器的主要技术参数

型 号	额定电压/V	额定电流/A	极数	脱扣器类别	热脱扣器额定电流（括号内为整定电流调节范围）/A	电磁脱扣器瞬时动作整定值/A
DZ5-20/200	交流380 直流220	20	2	无脱扣器	—	—
DZ5-20/300			3			
DZ5-20/210			2	热脱扣器	0.15（0.10～0.15）0.20（0.15～0.20）0.30（0.20～0.30）0.45（0.30～0.45）0.65（0.45～0.65）1（0.65～1）1.5（1～1.5）2（1.5～2）3（2～3）4.5（3～4.5）6.5（4.5～6.5）10（6.5～10）15（10～15）20（15～20）	为热脱扣器额定电流的8～12倍（出厂时整定于10倍）
DZ5-20/310			3			
DZ5-20/220			2	电磁脱扣器		
DZ5-20/320			3			
DZ5-20/230			2	复式脱扣器		
DZ5-20/330			3			

DZ20系列断路器按其极限分断故障电流的能力分为一般型（Y型）、较高型（J型）、最高型（G型）。J型是利用短路电流的巨大电动斥力将触头斥开，紧接着脱扣器动作，故分断时间在14ms以内；G型可在8～10ms以内分断短路电流。DZ20系列断路器的主要技术参数见表4-9。

表4-9 DZ20系列断路器的主要技术参数

型 号	额定电压/V	壳架额定电流/A	断路器额定电流I_N/A	瞬时脱扣器整定电流倍数
DZ20Y-100	交流380 直流220	100	16，20，25，32，40，50，63，80，100	配电用10I_N 保护电机用12I_N
DZ20J-100				
DZ20G-100				
DZ20Y-225		225	100，125，160，180，200，225	配电用5I_N，10I_N 保护电机用12I_N
DZ20J-225				
DZ20G-225				
DZ20Y-400		400	250，315，350，400	配电用10I_N 保护电机用12I_N
DZ20J-400				
DZ20G-400				配电用5I_N，10I_N
DZ20Y-630		630	400，500，630	
DZ20J-630				

DW16系列断路器的主要技术参数见表4-10。

表4-10　DW16系列断路器的主要技术参数

型号		DW16-315	DW16-400	DW16-630
额定电流/A		315	400	630
额定电压/V		380		
额定频率/Hz		50		
额定短路分断能力	在O—CO—CO试验程序下短路分断能力/kA	25	25	25
	极限短路分断能力/kA	30	30	30
	飞弧距离/mm	< 250	< 250	< 250
瞬时过电流脱扣器电流整定值/A		945～1890	1200～2400	1890～3790
额定接地动作电流/A		158	200	315
额定接地不动作电流/A		79	100	158

　　M11系列塑料外壳式断路器，主要适合在不频繁操作的交流380V/50Hz，直流220V及以下电压的电路中作接通和分断电路之用，它的主要技术参数见表4-11。

表4-11　M11系列塑料外壳式断路器的基本参数

型号	壳架等级额定电流/A	额定绝缘电压/V	额定工作电压/V	额定频率/Hz	额定极限短路分断能力				极限短路分断试验程序	额定电流/A
					DC		AC			
					220V	T/ms	380V	cosφ		
M11-100	100	380	交流380直流220	50	10	5	6	0.7		15、20
							10	0.5		25、30、40、50
							12	0.3		60、80、100
M11-250	250				20	10	20	0.3	O—CO	100、120、140、170、200、（225）、250
M11-600	600				25	15	25	0.25		200、250、300、350、400、500、600

　　注：O表示分断操作；CO表示接通操作后，紧接着分断。

4.4.3　低压断路器的选用

　　① 根据电气装置的要求选定断路器的类型、极数以及脱扣器的类型、附件的种类和规格。

　　② 断路器的额定工作电压应大于或等于线路或设备的额定工作电压。对于配电电路来说应注意区别是电源端保护还是负载保护，电源端电压比负载端电压高出5%左右。

　　③ 热脱扣器的额定电流应等于或稍大于电路工作电流。

　　④ 根据实际需要，确定电磁脱扣器的额定电流和瞬时动作整定电流。

　　a.电磁脱扣器的额定电流只要等于或稍大于电路工作电流即可。

　　b.电磁脱扣器的瞬时动作整定电流为：作为单台电动机的短路保护时，电磁脱扣器的整定电流为电动机启动电流的1.35倍（DW系列断路器）或1.7倍（DZ系列断路器）；作多台电动机的短路保护时，电磁脱扣器的整定电流为最大一台电动机的启动电流的1.3倍再加上其余电动机的工作电流。

4.4.4 低压断路器的安装、使用和维护

① 安装前核实装箱单上的内容，核对铭牌上的参数与实际需要是否相符，再用螺钉（或螺栓）将断路器垂直固定在安装板上。

② 板前接线的断路器允许安装在金属支架或金属底板上，把铜导线剥去适量长度的绝缘外层，插入线箍的孔内，将线箍的外包层压紧，包牢导线，然后将线箍的连接孔与断路器接线端用螺钉紧固；对于铜排，先把接线板在断路器上固定，再与铜排固定。

③ 板后接线的断路器必须安装在绝缘底板上。固定断路器的支架或底板必须平坦。

④ 为防止相间电弧短路，进线端应安装隔弧板，隔弧板安装时应紧贴在外壳上，不可留有缝隙，或在进线端包扎200mm黄蜡带。

⑤ 断路器的上接线端为进线端，下接线端为出线端，"N"极为中性板，不允许倒装。

⑥ 断路器在工作前，对照安装要求进行检查，其固定连接部分应可靠；反复操作断路器几次，其操作机构应灵活、可靠。用500V兆欧表检查断路器的极与极、极与安装面（金属板）的绝缘电阻应不小于1MΩ，如低于1MΩ该产品不能使用。

⑦ 当低压断路器用作总开关或电动机的控制开关时，在断路器的电源进线侧必须加装隔离开关、刀开关或熔断器，作为明显的断开点。凡设有接地螺钉的产品，均应可靠接地。

⑧ 断路器各种特性与附件由制造厂整定，使用中不可任意调节。

⑨ 断路器在过载或短路保护后，应先排除故障，再进行合闸操作。

⑩ 断路器的手柄在自由脱扣或分闸位置时，断路器应处于断开状态，不能对负载起保护作用。

⑪ 断路器承载的电流过大，手柄已处于脱扣位置而断路器的触头并没有完全断开，此时负载端处于非正常运行，需人为切断电流，更换断路器。

⑫ 断路器在使用或储存、运输过程中，不得受雨水侵袭和跌落。

⑬ 断路器断开短路电流后，应打开断路器检查触头、操作机构。如触头完好，操作机构灵活，试验按钮操作可靠，则允许继续使用。若发现有弧烟痕迹，可用干布抹净；若弧触头已烧毛，可用细锉小心修整，但烧毛严重，则应更换断路器以避免事故发生。

⑭ 对于用电动机操作的断路器，如要拆卸电机，一定要在原处先做标记，然后再拆，再将电机装上时，不会错位，影响其性能。

⑮ 长期使用后，可清除触头表面的毛刺和金属颗粒，保持良好电接触。

⑯ 断路器应做周期性检查和维护，检查时应切断电源。周期性检查项目有：在传动部位加润滑油；清除外壳表层尘埃，保持良好绝缘；清除灭弧室内壁和栅片上的金属颗粒和黑烟灰，保持良好灭弧效果，如灭弧室损坏，断路器则不能继续使用。

4.4.5 低压断路器的常见故障及检修方法

低压断路器的常见故障及检修方法见表4-12。

表4-12　低压断路器的常见故障及检修方法

故障现象	产生原因	检修方法
电动操作的断路器触头不能闭合	① 电源电压与断路器所需电压不一致 ② 电动机操作定位开关不灵，操作机构损坏 ③ 电磁铁拉杆行程不到位 ④ 控制设备线路断路或元件损坏	① 应重新通入一致的电压 ② 重新校正定位机构，更换损坏机构 ③ 更换拉杆 ④ 重新接线，更换损坏的元器件
手动操作的断路器触头不能闭合	① 断路器机械机构复位不好 ② 失压脱扣器无电压或线圈烧毁 ③ 储能弹簧变形，导致闭合力减弱 ④ 弹簧的反作用力过大	① 调整机械机构 ② 无电压时应通入电压，线圈烧毁应更换同型号线圈 ③ 更换储能弹簧 ④ 调整弹簧，减少反作用力
断路器有一相触头接触不上	① 断路器一相连杆断裂 ② 操作机构一相卡死或损坏 ③ 断路器连杆之间角度变大	① 更换其中一相连杆 ② 检查机构卡死原因，更换损坏器件 ③ 把连杆之间的角度调整至170°为宜
断路器失压脱扣器不能自动开关分断	① 断路器机械机构卡死不灵活 ② 反力弹簧作用力变小	① 重新装配断路器，使其机构灵活 ② 调整反力弹簧，使反作用力及储能力增大
断路器分励脱扣器不能使断路器分断	① 电源电压与线圈电压不一致 ② 线圈烧毁 ③ 脱扣器整定值不对 ④ 电动开关机构螺钉未拧紧	① 重新通入合适电压 ② 更换线圈 ③ 重新整定脱扣器的整定值，使其动作准确 ④ 紧固螺钉
在启动电动机时断路器立刻分断	① 负荷电流瞬时过大 ② 过流脱扣器瞬时整定值过小 ③ 橡胶膜损坏	① 处理负荷超载的问题，然后恢复供电 ② 重新调整过电流脱扣器瞬时整定弹簧及螺钉，使其整定到适合位置 ③ 更换橡胶膜
断路器在运行一段时间后自动分断	① 较大容量的断路器电源进出线接头连接处松动，接触电阻大，在运行中发热，引起电流脱扣器动作 ② 过电流脱扣器延时整定值过小 ③ 热元件损坏	① 对于较大负荷的断路器，要松开电源进出线的固定螺钉，去掉接触杂质，把接线鼻重新压紧 ② 重新整定过流值 ③ 更换热元件，严重时要更换断路器
断路器噪声较大	① 失压脱扣器反力弹簧作用力过大 ② 线圈铁芯接触面不洁或生锈 ③ 短路环断裂或脱落	① 重新调整失压脱扣器弹簧压力 ② 用细砂纸打磨铁芯接触面，涂上少许机油 ③ 重新加装短路环
断路器辅助触头不通	① 辅助触头卡死或脱落 ② 辅助触头不洁或接触不良 ③ 辅助触头传动杆断裂或滚轮脱落	① 重新拨正装好辅助触头机构 ② 把辅助触头清擦一次或用细砂纸打磨触头 ③ 更换同型号的传动杆或滚轮

故障现象	产生原因	检修方法
断路器在运行中温度过高	① 通入断路器的主导线接触处未接紧,接触电阻过大 ② 断路器触头表面磨损严重或有杂质,接触面积减小 ③ 触头压力降低	① 重新检查主导线的接线鼻,并使导线在断路器上压紧 ② 用锉刀把触头打磨平整 ③ 调整触头压力或更换弹簧
带半导体过流脱扣的断路器,在正常运行时误动作	① 周围有大型设备的磁场影响半导体脱扣开关,使其误动作 ② 半导体元件损坏	① 仔细检查周围的大型电磁铁分断时磁场产生的影响,并尽可能使两者距离远些 ② 更换损坏的元件

4.5 交流接触器

交流接触器是通过电磁机构动作,频繁地接通和分断主电路的远距离操纵电器。它具有动作迅速、操作安全方便、便于远距离控制以及具有欠电压、零电压保护作用等优点,广泛用于电动机、电焊机、小型发电机、电热设备和机床电路上。由于它只能接通和分断负荷电流,不具备短路保护作用,因此常与熔断器、热继电器等配合使用。

交流接触器主要由电磁机构、触头系统、灭弧装置及辅助部件等组成。图4-6是CJ10-20型交流接触器的外形和结构。

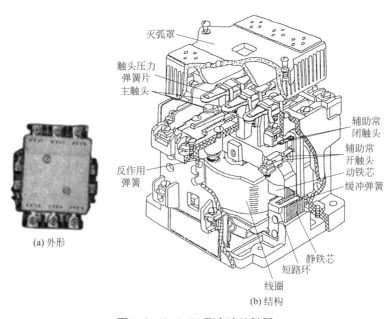

图4-6 CJ10-20型交流接触器

4.5.1 交流接触器的型号

常用的交流接触器有CJ0、CJ10、CJ12、CJ20和CJT1系列以及B系列等。
CJ20系列交流接触器的型号含义如下。

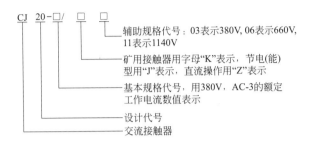

CJT1系列接触器的型号含义如下。

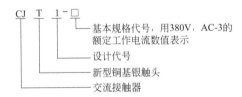

接触器按AC-3额定工作电流等级分为10种，即10、16、25、40、63、100、160、250、400、630。其中CJ20-40、CJ20-63、CJ20-100、CJ20-160、CJ20-250、CJ20-630带纵缝灭弧罩；CJ20-160/11、CJ20-250/06、CJ20-400、CJ20-630/06、CJ20-630/11带栅片灭弧罩。

4.5.2 交流接触器的主要技术参数

CJ0、CJ10、CJ12系列交流接触器的主要技术参数见表4-13。

表4-13　CJ0、CJ10、CJ12系列交流接触器的主要技术参数

型　号	主触头额定电流/A	辅助触头额定电流/A	可控制电动机的最大功率/kW		吸引线圈电压/V	额定操作频率/（次/h）
			220V	380V		
CJ0-10	10		2.5	4	36，110，127，220，380，440	1200
CJ0-20	20	5	5.5	10		
CJ0-40	40		11	20		
CJ0-75	75	10	22	40	110，127，220，380	600
CJ10-10	10		2.2	4	36，110，220，380	600
CJ10-20	20	5	5.5	10		
CJ10-40	40		11	20		

续表

型 号	主触头额定电流/A	辅助触头额定电流/A	可控制电动机的最大功率/kW		吸引线圈电压/V	额定操作频率/（次/h）
			220V	380V		
CJ10-60	60		17	30		
CJ10-100	100		30	50		
CJ10-150	150		43	75		
CJ12-100 CJ12B-100	100	10		50	36，127，220，380	600
CJ12-150 CJ12B-150	150			75		
CJ12-250 CJ12B-250	250			125		
CJ12-400 CJ12B-400	400			200		300
CJ12-600 CJ12B-600	600			300		

CJ20系列交流接触器，主要用于交流50Hz，额定电压至660V（个别等级至1140V），电流至630A的电力线路中，用于远距离频繁地接通和分断电路及控制交流电动机用，并适用于与热继电器或电子式保护装置组成电磁启动器，以保护电路。

CJ20系列交流接触器的主要技术参数见表4-14。

表4-14　CJ20系列交流接触器的主要技术参数

型 号	额定绝缘电压/V	额定发热电流/A	AC-3使用类别下可控制的三相笼型电动机的最大功率/kW			每小时操作循环数（AC-3）/（次/h）	AC-3电寿命/万次	线圈功率启动/保持/（V·A/W）	选用的熔断器型号
			220V	380V	660V				
CJ20-10	660	10	2.2	4	4	1200	100	65/8.3	RT16-20
CJ20-16		16	4.5	7.5	11			62/8.5	RT16-32
CJ20-25		32	5.5	11	13			93/14	RT16-50
CJ20-40		55	11	22	22			175/19	RT16-80
CJ20-63		80	18	30	35		120	480/57	RT16-160
CJ20-100		125	28	50	50			570/61	RT16-250
CJ20-160		200	48	85	85			855/85.5	RT16-315
CJ20-250	660	315	80	132	—	600	60	1710/152	RT16-400
CJ20-250/06		315	—	—	190			1710/152	RT16-400
CJ20-400		400	115	200	220			1710/152	RT16-500
CJ20-630		630	175	300	—			3578/250	RT16-630
CJ20-630/06		630	—	—	350			3578/250	RT16-630

　　CJT1系列交流接触器主要用于交流50Hz，额定电压至380V，电流至150A的电力线路中，作远距离频繁接通与分断线路之用，并与适当的热继电器或电子式保护装置组合成电动机启动器，以保护可能发生过载的电路。

　　CJT1系列接触器的主要参数和技术性能见表4-15。

表4-15　CJT1系列接触器的主要参数和技术性能

型　　号		CJT1-10	CJT1-20	CJT1-40	CJT1-60	CJT1-100	CJT1-150
额定工作电压/V		380					
额定工作电流 （AC-1~AC-4，380V）/A		10	20	40	60	100	150
控制电动机功率/kW	220V	2.2	5.8	11	17	28	43
	380V	4	10	20	30	50	75
每小时操作循环数 /（次/h）		AC-1、AC-3为600；AC-2、AC-4为300； CJT1-150、AC-4为120					
电寿命/万次	AC-3	60					
	AC-4	2			1		0.6
机械寿命/万次		300					
辅助触头		2常开2常闭；AC-15　180V·A；DC-13　60W；I_{th}：5A					
配用熔断器		RT16-20	RT16-50	RT16-80	RT16-160	RT16-250	RT16-315
吸引线圈消耗功率/V·A	闭合前瞬间	65	140	245	485	760	1100
	闭合后吸持	11	22	30	95	105	116
吸合功率/W		5	6	12	26	27	28

4.5.3　交流接触器的选用

　　① 接触器类型的选择。根据电路中负载电流的种类来选择，即交流负载应选用交流接触器，直流负载应选用直流接触器。

　　② 主触头额定电压和额定电流的选择。接触器主触头的额定电压应大于或等于负载电路的额定电压。主触头的额定电流应大于负载电路的额定电流。

　　③ 线圈电压的选择。交流线圈电压：36V、110V、127V、220V、380V；直流线圈电压：24V、48V、110V、220V、440V。从人身和设备安全角度考虑，线圈电压可选择低一些；但当控制线路简单，线圈功率较小时，为了节省变压器，可选220V或380V。

　　④ 触头数量及触头类型的选择。通常接触器的触头数量应满足控制回路数的要求，触头类型应满足控制线路的功能要求。

　　⑤ 接触器主触头额定电流的选择。主触头额定电流应满足下面条件，即

$$I_{N主触头} \geqslant P_{N电机}/(1 \sim 1.4)U_{N电机}$$

　　若接触器控制的电动机启动或正反转频繁，一般将接触器主触头的额定电流降一级使用。

　　⑥ 接触器主触头额定电压的选择。使用时要求接触器主触头额定电压应大于或等于负载的额定电压。

⑦ 接触器操作频率的选择。操作频率是指接触器每小时的通断次数。当通断电流较大或通断频率过高时，会引起触头过热，甚至熔焊。操作频率若超过规定值，应选用额定电流大一级的接触器。

⑧ 接触器线圈额定电压的选择。接触器线圈的额定电压不一定等于主触头的额定电压，当线路简单、使用电器少时，可直接选用380V或220V的线圈，如线路较复杂、使用电器超过5h，可选用24V、48V或110V的线圈。

4.5.4 交流接触器的安装、使用及维护

① 接触器安装前应核对线圈额定电压和控制容量等是否与选用的要求相符合。

② 接触器应垂直安装于直立的平面上，与垂直面的倾斜不超过5°。

③ 金属底座的接触器上备有接地螺钉，绝缘底座的接触器安装在金属底板或金属外壳中时，亦需备有可靠的接地装置和明显的接地符号。

④ 主回路接线时，应使接触器的下部触头接到负荷侧，控制回路接线时，用导线的直线头插入瓦形垫圈，旋紧螺钉即可。未接线的螺钉亦需旋紧，以防失落。

⑤ 接触器在主回路不通电的情况下通电操作数次确认无不正常现象后，方可投入运行。接触器的灭弧罩未装好之前，不得操作接触器。

⑥ 接触器使用时，应进行经常和定期的检查与维修。经常清除表面污垢，尤其是进出线端相间的污垢。

⑦ 接触器工作时，如发出较大的噪声，可用压缩空气或小毛刷清除衔铁极面上的尘垢。

⑧ 使用中如发现接触器在切除控制电源后，衔铁有显著的释放延迟现象时，可将衔铁极面上的油垢擦净，即可恢复正常。

⑨ 接触器的触头如受电弧烧黑或烧毛时，并不影响其性能，可以不必进行修理，否则，反而可能促使其提前损坏。但触头和灭弧罩如有松散的金属小颗粒应清除。

⑩ 接触器的触头如因电弧烧损，以致厚薄不均时，可将桥形触头调换方向或相别，以延长其使用寿命。此时，应注意调整触头使之接触良好，每相下断点不同期接触的最大偏差不应超过0.3mm，并使每相触头的下断点较上断点滞后接触约0.5mm。

⑪ 接触器主触头的银接点厚度磨损至不足0.5mm时，应更换新触头；主触头弹簧的压缩超程小于0.5mm时，应进行调整或更换新触头。

⑫ 对灭弧电阻和软连接，应特别注意检查，如有损坏等情况时，应立即进行修理或更换新件。

⑬ 接触器如出现异常现象，应立即切断电源，查明原因，排除故障后方可再次投入使用。

⑭ 在更换CJT1-60、CJT1-100、CJT1-150接触器线圈时，先将静铁芯外面的缓冲钢丝取下，然后用力将线圈骨架向底部压下，使线圈骨架相的缺口脱离线圈左右两侧的支架，静铁芯即随同线圈往上方抽出，当线圈从静铁芯上取下时，应防止其中的缓冲弹簧掉落。

4.5.5 接触器的常见故障及检修方法

接触器的常见故障及检修方法见表4-16。

表4-16　接触器的常见故障及检修方法

故障现象	产生原因	检修方法
接触器线圈过热或烧毁	① 电源电压过高或过低 ② 操作接触器过于频繁 ③ 环境温度过高使接触器难以散热或线圈在有腐蚀性气体或潮湿环境下工作 ④ 接触器铁芯端面不平，消剩磁气隙过大或有污垢 ⑤ 接触器动铁芯机械故障使其通电后不能吸上 ⑥ 线圈有机械损伤或中间短路	① 调整电压到正常值 ② 改变操作接触器的频率或更换合适的接触器 ③ 改善工作环境 ④ 清理擦拭接触器铁芯端面，严重时更换铁芯 ⑤ 检查接触器机械部分动作不灵或卡死的原因，修复后如线圈烧毁应更换同型号线圈 ⑥ 更换接触器线圈，排除造成接触器线圈机械损伤的故障
接触器触头熔焊	① 接触器负载侧短路 ② 接触器触头超负载使用 ③ 接触器触头质量太差发生熔焊 ④ 触头表面有异物或有金属颗粒突起 ⑤ 触头弹簧压力过小 ⑥ 接触器线圈与通入线圈的电压线路接触不良，造成高频率的通断，使接触器瞬间多次吸合释放	① 首先断电，用螺丝刀把熔焊的触头分开，修整触头接触面，并排除短路故障 ② 更换容量大一级的接触器 ③ 更换合格的高质量接触器 ④ 清理触头表面 ⑤ 重新调整好弹簧压力 ⑥ 检查接触器线圈控制回路接触不良处，并修复
接触器铁芯吸合不上或不能完全吸合	① 电源电压过低 ② 接触器控制线路有误或接不通电源 ③ 接触器线圈断线或烧坏 ④ 接触器衔铁机械部分不灵活或动触头卡住 ⑤ 触头弹簧压力过大或超程过大	① 调整电压达正常值 ② 更正接触器控制线路；更换损坏的电气元件 ③ 更换线圈 ④ 修理接触器机械故障，去除生锈，并在机械动作机构处加些润滑油；更换损坏零件 ⑤ 按技术要求重新调整触头弹簧压力
接触器铁芯释放缓慢或不能释放	① 接触器铁芯端面有油污造成释放缓慢 ② 反作用弹簧损坏，造成释放慢 ③ 接触器铁芯机械动作机构被卡住或生锈动作不灵活 ④ 接触器触头熔焊造成不能释放	① 取出动铁芯，用棉布把两铁芯端面油污擦净，重新装配好 ② 更换新的反作用弹簧 ③ 修理或更换损坏零件；清除杂物与除锈 ④ 用螺丝刀把静触头分开，并用钢锉修整触头表面
接触器相间短路	① 接触器工作环境极差 ② 接触器灭弧罩损坏或脱落 ③ 负载短路 ④ 正反转接触器操作不当，加上联锁互锁不可靠，造成换向时两只接触器同时吸合	① 改善工作环境 ② 重新选配接触器灭弧罩 ③ 处理负载短路故障 ④ 重新联锁换向接触器互锁电路，并改变操作方式，不能同时按下两只换向接触器启动按钮

故障现象	产生原因	检修方法
接触器触头过热或灼伤	① 接触器在环境温度过高的地方长期工作 ② 操作过于频繁或触头容量不够 ③ 触头超程太小 ④ 触头表面有杂质或不平 ⑤ 触头弹簧压力过小 ⑥ 三相触头不能同步接触 ⑦ 负载侧短路	① 改善工作环境 ② 尽可能减少操作频率或更换大一级容量的接触器 ③ 重新调整触头超程或更换触头 ④ 清理触头表面 ⑤ 重新调整弹簧压力或更换新弹簧 ⑥ 调整接触器三相动触头，使其同步接触静触头 ⑦ 排除负载短路故障
接触器工作时噪声过大	① 通入接触器线圈的电源电压过低 ② 铁芯端面生锈或有杂物 ③ 铁芯吸合时歪斜或机械有卡住故障 ④ 接触器铁芯短路环断裂或脱掉 ⑤ 铁芯端面不平磨损严重 ⑥ 接触器触头压力过大	① 调整电压 ② 清理铁芯端面 ③ 重新装配、修理接触器机械动作机构 ④ 焊接短路环并重新装上 ⑤ 更换接触器铁芯 ⑥ 重新调整接触器弹簧压力，使其适当为止

4.6 热继电器

热继电器是一种电气保护元件，它是利用电流的热效应来推动动作机构使触头闭合或断开的保护电器，广泛用于电动机的过载保护、断相保护、电流不平衡保护以及其他电气设备的过载保护。热继电器由热元件、触头、动作机构、复位按钮和整定电流装置等部分组成，如图4-7所示。

热继电器有两相结构、三相结构和三相带断相保护装置三种类型。对于三相电压和三相负载平衡的电路，可选用两相结构式热继电器作为保护电器；对于三相电压严重不平衡或三相负载严重不对称的电路，则不宜用两相结构式热继电器而只能用三相结构式热继电器。

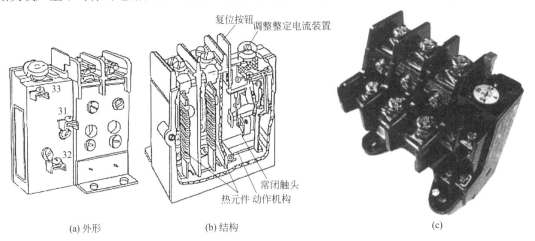

(a) 外形　　　　　　　(b) 结构　　　　　　　(c)

图4-7　热继电器

4.6.1 热继电器的型号

热继电器的型号含义为：

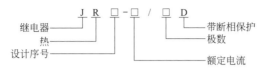

4.6.2 热继电器的主要技术参数

常用的热继电器有JR0、JR16、JR20、JR36、JRS1、JR16B和T系列等。

JR20系列热继电器采用立体布置式结构，除具有过载保护、断相保护、温度补偿以及手动和自动复位功能外，还具有动作脱扣灵活、动作脱扣指示以及断开检验按钮等功能装置。JR20系列热继电器的主要技术参数见表4-17。

表4-17 JR20系列热继电器的主要技术参数

型　号	额定电流/A	热元件号	整定电流调节范围/A
JR20-10	10	1R～15R	0.1～11.6
JR20-16	16	1S～6S	3.6～18
JR20-25	25	1T～4T	7.8～29
JR20-63	63	1U～6U	16～71
JR20-160	160	1W～9W	33～176

JR36系列双金属片热过载继电器，主要用于交流50Hz，额定电压至690V，电流0.25～160A的长期工作或间断长期工作的三相交流电动机的过载保护和断相保护。JR36系列热继电器的主要技术参数见表4-18。

表4-18 JR36系列热继电器的主要技术参数

型　号		JR36-20	JR36-63	JR36-160
额定工作电流/A		20	63	160
额定绝缘电压/V		690	690	690
断相保护		有	有	有
手动与自动复位		有	有	有
温度补偿		有	有	有
测试按钮		有	有	有
安装方式		独立式	独立式	独立式
辅助触头		1NO＋1NC	1NO＋1NC	1NO＋1NC
AC-15　380V　额定电流/A		0.47	0.47	0.47
AC-15　220V　额定电流/A		0.15	0.15	0.15
导线截面积/mm²	主回路	单芯或绞合线	1.0～4.0	6.0～16	16～70
		接线螺钉	M5	M6	M8
	辅助回路	单芯或绞合线	2×（0.5～1）	2×（0.5～1）	2×（0.5～1）
		接线螺钉	M3	M3	M3

4.6.3 热继电器的选用

① 热继电器的类型选用。一般轻载启动、长期工作的电动机或间断长期工作的电动机，选择二相结构的热继电器；当电源电压的均衡性和工作环境较差或较少有人照管的电动机，或多台电动机的功率差别较大，可选择三相结构的热继电器；而三角形连接的电动机，应选用带断相保护装置的热继电器。

② 热继电器的额定电流选用。热继电器的额定电流应略大于电动机的额定电流。

③ 热继电器的型号选用。根据热继电器的额定电流应大于电动机的额定电流原则，查表确定热继电器的型号。

④ 热继电器的整定电流选用。一般将热继电器的整定电流调整到等于电动机的额定电流；对过载能力差的电动机，可将热元件整定值调整到电动机额定电流的0.6～0.8倍；对启动时间较长，拖动冲击性负载或不允许停车的电动机，热继电器的整定电流应调节到电动机额定电流的1.1～1.15倍。

4.6.4 热继电器的安装、使用和维护

① 热继电器安装接线时，应清除触头表面污垢，以避免电路不通或因接触电阻太大而影响热继电器的动作特性。

② 热继电器进线端子标志为1/L1、3/L2、5/L3，与之对应的出线端子标志为2/T1、4/T2、6/T3，常闭触头接线端子标志为95、96，常开触头接线端子标志为97、98。

③ 必须选用与所保护的电动机额定电流相同的热继电器，如不符合，则将失去保护作用。

④ 热继电器除了接线螺钉外，其余螺钉均不得拧动，否则其保护特性即被改变。

⑤ 热继电器进行安装接线时，必须切断电源。

⑥ 当热继电器与其他电器安装在一起时，应将它安装在其他电器的下方，以免其动作特性受到其他电器发热的影响。

⑦ 热继电器的主回路连接导线不宜太粗，也不宜太细。如连接导线过细，轴向导热性差，热继电器可能提前动作；反之，连接导线太粗，轴向导热快，热继电器可能滞后动作。

⑧ 当电动机启动时间过长或操作次数过于频繁时，会使热继电器误动作或烧坏电器，故这种情况一般不用热继电器作过载保护。

⑨ 若热继电器双金属片出现锈斑，可用棉布蘸上汽油轻轻揩拭，切忌用砂纸打磨。

⑩ 当主电路发生短路事故后，应检查发热元件和双金属片是否已经发生永久变形，若已变形，应更换。

⑪ 热继电器在出厂时均调整为自动复位形式。如欲调为手动复位，可将接继电器侧面孔内螺钉倒退约三四圈即可。

⑫ 热继电器脱扣动作后，若要再次启动电动机，必须待热元件冷却后，才能使热继电器复位。一般自动复位需待5min，手动复位需待2min。

⑬ 热继电器的整定电流必须按电动机的额定电流进行调整，在作调整时，绝对不允许弯折双金属片。

⑭ 为使热继电器的整定电流与负荷的额定电流相符，可以旋动调节旋钮使所需的电流值对准白色箭头，旋钮上的电流值与整定电流值之间可能有误差，可在实际使用时按情况略微偏转。如需用两刻度之间整定电流值，可按比例转动调节旋钮，并在实际使用时适当调整。

4.6.5 热继电器的常见故障及检修方法

热继电器的常见故障及检修方法见表4-19。

表4-19 热继电器的常见故障及检修方法

故障现象	产生原因	检修方法
热继电器误动作	① 选用热继电器规格不当或大负载选用热继电器电流值太小 ② 整定热继电器电流值偏低 ③ 电动机启动电流过大，电动机启动时间过长 ④ 反复在短时间内启动电动机，操作过于频繁 ⑤ 连接热继电器主回路的导线过细、接触不良或主导线在热继电器接线端子上未压紧 ⑥ 热继电器受到强烈的冲击振动	① 更换热继电器，使它的额定值与电动机额定值相符 ② 调整热继电器整定值使其正好与电动机的额定电流值相符合并对应 ③ 减轻启动负载；电动机启动时间过长时，应将时间继电器调整的时间稍短些 ④ 减小电动机启动次数 ⑤ 更换连接热继电器主回路的导线，使其横截面积符合电流要求；重新压紧热继电器主回路的导线端子 ⑥ 改善热继电器使用环境
热继电器在超负载电流值时不动作	① 热继电器动作电流值整定得过高 ② 动作二次接点有污垢造成短路 ③ 热继电器烧坏 ④ 热继电器动作机构卡死或导板脱出 ⑤ 连接热继电器的主回路导线过粗	① 重新调整热继电器电流值 ② 用酒精清洗热继电器的动作触头，更换损坏部件 ③ 更换同型号的热继电器 ④ 调整热继电器动作机构，并加以修理。如导板脱出要重新放入并调整好 ⑤ 更换成符合标准的导线
热继电器烧坏	① 热继电器在选择的规格上与实际负载电流不相配 ② 流过热继电器的电流严重超载或负载短路 ③ 可能是操作电动机过于频繁 ④ 热继电器动作机构不灵，使热元件长期超载而不能保护热继电器 ⑤ 热继电器的主接线端子与电源线连接时有松动现象或氧化，线头接触不良引起发热烧坏	① 热继电器的规格要选择适当 ② 检查电路故障，在排除短路故障后，更换合适的热继电器 ③ 改变操作电动机方式，减少启动电动机次数 ④ 更换动作灵敏的合格热继电器 ⑤ 设法去掉线头与热继电器接线端子的氧化层，并重新压紧热继电器的主接线

4.7 控制按钮

控制按钮又叫按钮或按钮开关，是一种短时接通或断开小电流电路的电器，它不直接控制主电路的通断，而在控制电路中发出"指令"去控制接触器、继电器等电器，再由它们去控制主电气回路。控制按钮的触头允许通过的电流一般不超过5A。

控制按钮按用途和触头的结构不同分为停止按钮（常闭按钮）、启动按钮（常开按钮）和复合按钮（常开和常闭组合按钮）。控制按钮的种类很多，常用的有LA2、LA18、LA19和LA20等系列。LA18、LA19系列按钮的外形和结构如图4-8所示。

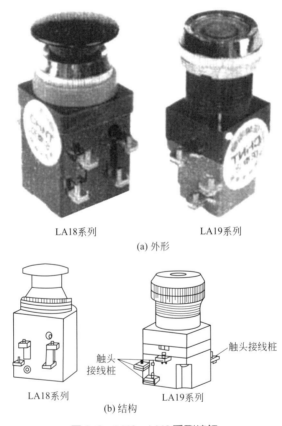

LA18系列　　　　　LA19系列

(a) 外形

LA18系列　　　　　LA19系列

触头接线桩　　　触头接线桩

(b) 结构

图4-8　LA18、LA19系列按钮

4.7.1 控制按钮的型号

常用按钮的型号含义为：

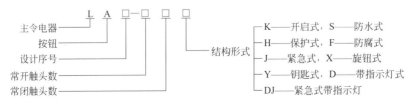

4.7.2　控制按钮的主要技术参数

常用控制按钮的主要技术参数见表4-20。

表4-20　常用控制按钮的主要技术参数

型　　号	额定电压 /V	额定电流 /A	结 构 形 式	触头对数/副		按钮数	按 钮 颜 色
				常开	常闭		
LA2			元件	1	1	1	黑、绿、红
LA10-2K			开启式	2	2	2	黑、绿、红
LA10-3K			开启式	3	3	3	黑、绿、红
LA10-2H			保护式	2	2	2	黑、绿、红
LA10-3H			保护式	3	3	3	红、绿、红
LA18-22J			元件（紧急式）	2	2	1	红
LA18-44J			元件（紧急式）	4	4	1	红
LA18-66J	500	5	元件（紧急式）	6	6	1	红
LA18-22Y			元件（钥匙式）	2	2	1	黑
LA18-44Y			元件（钥匙式）	4	4	1	黑
LA18-22X			元件（旋钮式）	2	2	1	黑
LA18-44X			元件（旋钮式）	4	4	1	黑
LA18-66X			元件（旋钮式）	6	6	1	黑
LA19-11J			元件（紧急式）	1	1	1	红
LA19-11D			元件（带指示灯）	1	1		红、绿、黄、蓝、白

4.7.3　控制按钮的选用

① 根据使用场合选择按钮的种类。
② 根据用途选择合适的形式。
③ 根据控制回路的需要确定按钮数。
④ 按工作状态指示和工作情况要求选择按钮和指示灯的颜色。

4.7.4　控制按钮的安装和使用

① 将按钮安装在面板上时，应布置整齐，排列合理，可根据电动机启动的先后次序，从上到下或从左到右排列。
② 按钮的安装固定应牢固，接线应可靠。应用红色按钮表示停止，绿色或黑色表示启动或通电，不要搞错。
③ 由于按钮触头间距较小，如有油污等容易发生短路故障，因此应保持触头的清洁。
④ 安装按钮的按钮板和按钮盒必须是金属的，并设法使它们与机床总接地母线相连接，对于悬挂式按钮必须设有专用接地线，不得借用金属管作为地线。
⑤ 按钮用于高温场合时，易使塑料变形老化而导致松动，引起接线螺钉间相碰短路，可在接线螺钉处加套绝缘塑料管来防止短路。
⑥ 带指示灯的按钮因灯泡发热，长期使用易使塑料灯罩变形，应降低灯泡电压，延长使用寿命。

⑦ "停止"按钮必须是红色；"急停"按钮必须是红色蘑菇头式；"启动"按钮必须有防护挡圈，防护挡圈应高于按钮头，以防意外触动使电气设备误动作。

4.7.5 控制按钮的常见故障及检修方法

控制按钮的常见故障及检修方法见表4-21。

表4-21 控制按钮的常见故障及检修方法

故 障 现 象	产 生 原 因	检 修 方 法
按下启动按钮时有触电感觉	① 按钮的防护金属外壳与连接导线接触 ② 按钮帽的缝隙间充满铁屑，使其与导电部分形成通路	① 检查按钮内连接导线，排除故障 ② 清理按钮及触头，使其保持清洁
按下启动按钮，不能接通电路，控制失灵	① 接线头脱落 ② 触头磨损松动，接触不良 ③ 动触头弹簧失效，使触头接触不良	① 重新连接接线 ② 检修触头或调换按钮 ③ 更换按钮
按下停止按钮，不能断开电路	① 接线错误 ② 尘埃或机油、乳化液等流入按钮形成短路 ③ 绝缘击穿短路	① 更正错误接线 ② 清扫按钮并采取相应密封措施 ③ 更换按钮

4.8 漏电开关（漏电断路器、漏电保护器）

在工厂潮湿的地方使用电的机器或用水来染纱、染布的电气机器，可能会因线路或设备绝缘不良，产生漏电电流，危及操作人员的安全和损坏设备，所以在这些场所都要装置漏电开关来作保护。此开关内部有一组脱扣线圈，当泄漏电流达到一额定值时（一般都是几十毫安），立即切断。一个正常人若瞬间心脏有超过30mA的电流经过，就有生命危险。不同大小的电流对人体的危害程度见表4-22。

既然漏电断路器有如此安全的功能，家庭内所使用的电热水器、电冰箱、饮水机、洗衣机等，皆可使用它来保护生命安全。漏电断路器的外观及不同规格见表4-23。

表4-22 不同大小的电流对人体的危害程度

电 流 大 小	触电的程度	备 注
1mA	感觉麻痹	
5mA	感觉相当痛	
10mA	感觉到无法忍受的痛苦	$1mA=10^{-3}A$
20mA	肌肉收缩不能动弹	
30mA	相当危险	
100mA	已有致命的程度	

表4-23　漏电断路器的外观及技术数据

制　　　式	GE-2	GE-3			GEB-2
相线根数	单相二线 1φ2W	单相二线 1φ2W	三相三线 1φ3W	三相三线 3φ3W	单相二线 1φ2W
额定电流/A	30	30			30
额定电压/V	120，240	240			120，240
动作时间/s	0.1	0.1			0.1
额定感应电流/mA	15，30	15，30			15，30
质量/kg	0.19	0.25			0.19

表4-24～表4-26为一些漏电断路器的相关技术数据。

表4-24　漏电保护插座的型号及技术数据

型号	名称	相数	额定电压/V	额定电流/A	断路器型号	漏电开关型号	插座数量		
					脱扣器额定电流/A	额定漏电动作电流/mA	单相二极	单相三极	单相四极
PXL-1	移动电源箱	1	220	10	DZ5-25	DZL18-20	2	3	
					2、4、5、6、10	30			
PXL-2		3	380	20	DZ15L-40/3901				2
					6、10、16、20	30、50、75			
YLC-1	漏电保护插座	1	220	10		DZL18-20	2	2	
						30			
LDB-1	插座式漏电保护器	1	220	10		LDB-1	1	1	
						30	4	4	

表4-25　漏电开关及漏电保护器的技术数据

型　　号	名称	极数	额定电压/V	额定电流/A	额定漏电动作电流/mA	额定漏电不动作电流/mA	漏电脱扣动作时间/s	结构特性
JD1-100 JD1-100F	漏电继电器		约660	100	100 200	50 100	≤0.1	触头组合形式为11，额定电压约220V，380V，发热电流5A。型号后有F为分装式，无F为组装式
JD1-250 JD1-250F				250	200 500	100 250		

续表

型　　号	名称	极数	额定电压 /V	额定电流 /A	额定漏电动作电流 /mA	额定漏电不动作电流 /mA	漏电脱扣动作时间 /s	结构特性
JD3-40	漏电继电器		约220（380）	40	50 100 200 300 500	25 50 100 150 250	< 0.2 0.6 1.2 2.2	由零序电流互感器及继电器两部分组成
FIN25	漏电保护开关	2	约240（220）	25	30 100 300 500	15 50 150 250	≤0.25	由零序电流互感器、漏电脱扣器和主开关组成
FIN40				40				
FIN63		3 4	约415（380）	63				
LDB-1	漏电保护器		约220	10	15 30	7.5 15	≤0.1	电子式，用集成运放放大。LDB-3有带和不带过电压保护两种
LDB-3		2	约220	32	10 15 30	5 7.5 15		

表4-26　漏电断路器的型号及技术数据

型　　号	极　　数	额定电压 /V	额定电流 /A	脱扣器额定电流 /mA	额定漏电动作电流 /mA	额定漏电不动作电流 /mA	动作时间 /s
DZ13L-60/130	单极二线	220（240）	60	10、15、20、25、30、40、50、60	30	15	≤0.1
DZ13L-60/2302	二极						
DZ13L-60/2302N	二极三线	380（415）					
DZ13L-60/3302N	三极四线						
DZ15LE-40	3	380	40	10、15、20、30、40	30 50 75 100	15 25 40 50	0.1
	4						
DZ15LE-63	3		63	15、20、30、40、63			
	4						
DZL16-40/2	2	220（240）	40	6、10	15	8	0.1
				6、10、16、25、32、40	30	15	
DZL16-40/3	3	380	40	6、10、16、20、25、32、40	30、50、75、100	15、25、40、50	
DZL16-40/4	4						
DZL18-20/1	2	220	20	10、16、20	10	6	≤0.1
DZL18-20/2					30	15	

型　　号	极　数	额定电压/V	额定电流/A	脱扣器额定电流/mA	额定漏电动作电流/mA	额定漏电不动作电流/mA	动作时间/s
DZL25-32	3	380/220	32	10、16、20、25、32	10 30 50	6 15 25	≤0.1
DZL25-63			63	20、25、32、40、50、63	30、50、100	6、15、25	≤0.1
DZL25-100	3	380/220	100	40、50、63、80、100	50、100、50、100、200	25、50、25、50、100	快速型≤0.1
DZL25-200			200	100、125、160、180、200	100、200、100、200、500	50、100、50、100、250	延时型≤0.4
DLZ29-32/22	2	220	32	6、10、16、20、25、32	10 15 30	5 8 15	≤0.1
DZL29-32/21					50 100	25 50	
DZ5-20L	3	380	20	1、1.5、2、3、4.5、6.5、10、15、20	30 50 75	15 25 40	≤0.1
ALD1-25		220	25		0.03	0.015	
ALD1-40	2	220	40		0.1 0.3	0.05 0.15	≤0.2
ALD1-63	3.4	380	63		0.1、0.3		
ALL2-20/2	2	220	20		30	15	≤0.1

第2篇 现场施工篇

家装室内布线、安装与检修

电工照明设备的安装包括灯具安装、开关安装、插座安装以及其他电器安装，而线路敷设分为明敷设和暗敷设，与线路配合的照明电器也分为明装电器和暗装电器两种。掌握这些基本的电气线路以及照明设备的安装与检修，对家装电工具有十分重要的意义。

5.1 照明进户配电箱线路

照明进户配电箱线路如图5-1所示。电度表电流线圈1端接电源相线，2端接用电器相线，3端接电源N线进入线，4端接用电器N线。总之，1、3进线，2、4出线后进入用户。

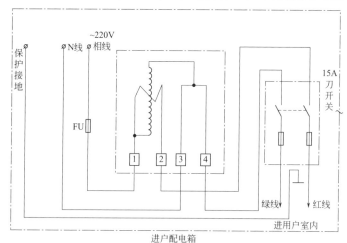

进户配电箱

(a) 单个电能表配电线路

图5-1

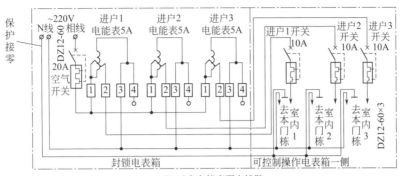

(b) 三个电能表配电线路

图5-1　照明进户配电箱线路

5.2　照明配电箱的安装

　　在室内电气线路中，通常将照明灯具、电热器、电冰箱、空调器等电器分成几个支路，电源火线接入低压断路器的进线端，断路器的出线端接电器，零线直接接入电器，每个支路单独使用一只断路器。这样，当某条支路发生故障时，只有该条支路的断路器跳闸，而不影响其他支路的用电。必要时也可单独切断某一支路。安装好后的配电箱外壳需要接地。

　　照明配电箱的安装见表5-1。

表5-1　照明配电箱的安装

① 打开照明配电箱，将照明保护地线接在照明配电箱外壳的接地螺钉上	② 将照明电源线相线接在照明配电箱断路器右上端口

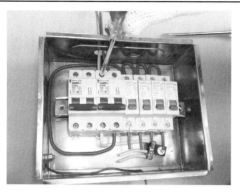

③将照明电源零线接在照明配电箱左上端口

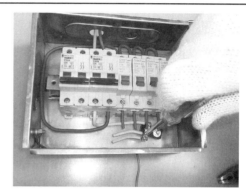

④将所有照明零线都接在零线的接线柱上

⑤照明第一路相线接所有室内照明灯

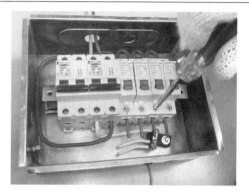

⑥照明第二路相线接室内所有插座,作插座电源供电用

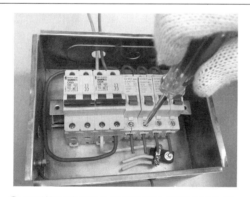

⑦照明第三路相线电源可作室内空调专用电源

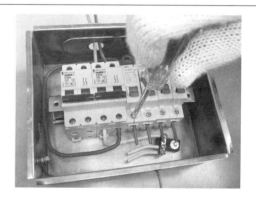

⑧照明第四路相线电源可作另一室内空调专用电源

5.3　电度表的选择与安装

电度表又叫千瓦小时表、电能表,是用来计量电气设备所消耗电能的仪表,具有累计功能。常用的单相电度表、三相电度表如图5-2所示。

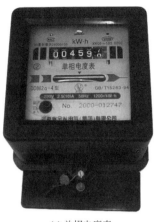

(a) 单相电度表   (b) 三相电度表

图5-2　电度表

5.3.1　单相电度表的选择

电度表的选用要根据负载来确定，也就是说所选电度表的容量或电流是根据计算电路中负载的大小来确定的，容量或电流选择大了，电度表不能正常转动，会因本身存在的误差影响计算结果的准确性；容量或电流选择小了，会有烧毁电度表的可能。一般应使所选用的电度表负载总瓦数为实际用电总瓦数的1.25～4倍。所以在选用电度表的容量或电流前，应先进行计算。例如，家庭使用照明灯4盏，约为120W；使用电视机、电冰箱等电器，约为680W；试选用电度表的电流容量。由此得：800 × 1.25 = 1000W，800 × 4 = 3200W，因此选用电度表的负载瓦数在1000～3200W。查表5-2可知，选用电流容量为10～15A的电度表较为适宜。

表5-2　单相电度表的规格

电度表安数/A	1	2.5	3	5	10	15	20
负载总瓦数/W	220	550	660	1100	2200	3300	4400

5.3.2　单相电度表的安装和接线

① 电度表应安装在干燥、稳固的地方，避免阳光直射，忌湿、热、霉、烟、尘、沙及腐蚀性气体。

② 电度表应安装在没有振动的位置，因为振动会使电表计量不准。

③ 电度表应垂直安装，不能歪斜，允许偏差不得超过2°。因为电度表倾斜5°，会引起10%的误差，倾斜太大，电度表铝盘甚至不转。

④ 电度表的安装高度一般为1.4～1.8m，电度表并列安装时，两表的中心距离不得小于200mm。

⑤ 在雷雨较多的地方使用的电度表，应在安装处采取避雷措施，避免因雷击而使电度表烧毁。

⑥ 电度表应安装在涂有防潮漆的木制底盘或塑料底盘上，用木螺钉或机制螺钉固定。电度表的电源引入线和引出线可通过盘的背面穿入盘的正面后进行接线，也可以在盘面上走明线，用塑料线卡固定整齐。安装示意如图5-3所示。

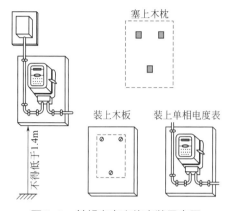

图5-3 单相电度表的安装示意图

⑦ 在电压220V、电流10A以下的单相交流电路中，电度表可以直接接在交流电路上，如图5-4所示。电度表必须按接线图接线（在电表接线盒盖的背面有接线图）。常用单相电度表的接线盒内有四个接线端，自左向右按1、2、3、4编号。接线方法为1、3接电源，2、4接负载。

⑧ 如果负载电流超过电度表电流线圈的额定值，则应通过电流互感器接入电度表，使电流互感器的初级与负载串联，次级与电度表电流线圈串联，如图5-5所示。

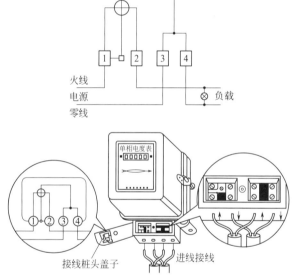

图5-4 单相电度表的接线

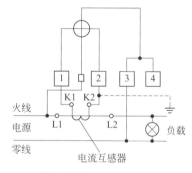

图5-5 使用电流互感器的电度表的接线

5.3.3 三相电度表的安装和接线

（1）DT8型40～80A直接接入式三相四线制有功电度表接线

三相四线三元件电度表实际上是三只单相电度表组合，它有三个电流线圈、三个电压线圈和10个接线端子，如图5-6所示。

（2）DT8型5～10A、25A三相四线制有功电度表接线

此电度表有11个接线端子。接线时，应按照相序及端钮上所标的线号接线，接线端子标号为2、5、8、10的为进线，标号为3、6、9、11的为出线。所接负载应在额定负载的5%～150%，如图5-7所示。

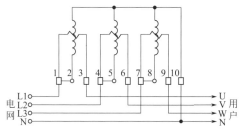

图5-6　DT8型40 ～ 80A直接接入式
三相四线制有功电度表接线

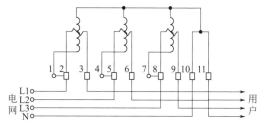

图5-7　DT8型5 ～ 10A、25A三相四线
制有功电度表接线

（3）DT8型5A电流互感式三相四线制有功电度表接线

电度表应按相序接入，电度表经电流互感器接入后，计数器的读数需乘互感器感应比率才等于实际用电度数。例如，电流互感器的感应比率为200/5，那么电度表读数需再乘以互感器的感应比率才是实际用电度数，如图5-8所示。

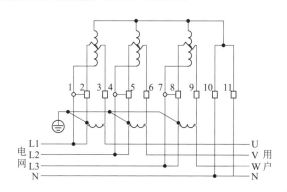

图5-8　DT8型5A电流互感式三相四线制有功电度表接线

（4）三只单相电度表与三相四线制电源的安装与接线

按如图5-9所示方法接线，可使得电力负荷分配较均。图5-9（a）为三只单相电度表分别接入三相电源的示意图；图5-9（b）为三只单相电度表分别引出负荷电源线的示意图；图5-9（c）为三只单相电度表接线原理图；图5-9（d）为三只单相电度表地线连接示意图。

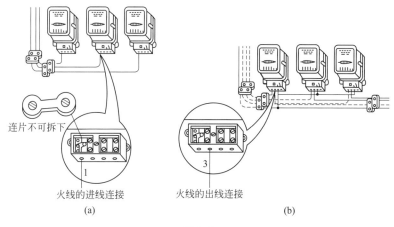

连片不可拆下

火线的进线连接

火线的出线连接

（a）　　　　　　　　　　　　　　　　　（b）

图5-9

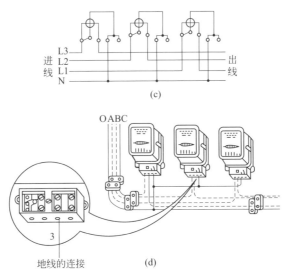

地线的连接 （d）

图5-9 三只单相电度表与三相四线制电源的接线

5.4 漏电保护器的选择与安装

5.4.1 漏电保护器的选择

漏电保护器又叫漏电保安器、漏电开关，是一种行之有效的防止人身触电的保护装置，其外形如图5-10所示。漏电保护器的原理是利用人在触电时产生的触电电流，使漏电保护器感应出信号，经过电子放大线路或开关电路，推动脱扣机构，使电源开关动作，将电源切断，从而保证人身安全。漏电保护器对电气设备的漏电电流极为敏感。当人体接触了漏电的用电器时，产生的漏电电流只要达到10～30mA，就能使漏电保护器在极短的时间（如0.1s）内跳闸，切断电源。

（1）型式的选择

电压型漏电保护器已基本上被淘汰，一般情况下，应优先选用电流型漏电保护器。电流型漏电保护器的电路如图5-11所示。

图5-10 漏电保护器的外形

（2）极数的选择

单相220V电源供电的电气设备，应选用二极的漏电保护器；三相三线制380V电源供电的电气设备，应选用三极式漏电保护器；三相四线制380V电源供电的电气设备，或者单相设备与三相设备共用电路，应选用三极四线式、四极四线式漏电保护器。

（3）额定电流的选择

漏电保护器的额定电流值不应小于实际负载电流。一般家庭用漏电保护器可选额定工

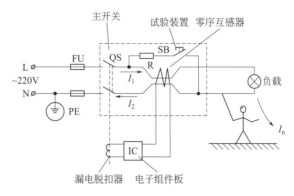

图5-11 电流型漏电保护器的电路

作电流为16 ～ 32A。

（4）可靠性的选择

为了使漏电保护器真正起到漏电保护作用，其动作必须正确可靠，即应具有合适的灵敏度和动作的快速性。

灵敏度（即漏电保护器的额定漏电动作电流），是指人体触电后促使漏电保护器动作的流过人体电流的数值。灵敏度低，流过人体的电流太大，起不到漏电保护作用；灵敏度过高，又会造成漏电保护器因线路或电气设备在正常微小的漏电下而误动作，使电源切断。家庭装于配电板（箱）上的漏电保护器，其灵敏度宜在15 ～ 30mA；装于某一支路或仅针对某一设备或家用电器（如空调器、电风扇等）用的漏电保护器，其灵敏度可选5 ～ 10mA。

快速性是指通过漏电保护器的电流达到启动电流时，能否迅速地动作。合格的漏电保护器动作时间不应大于0.1s，否则对人身安全仍有威胁。

5.4.2 漏电保护器的安装

在安装漏电保护器时应注意以下几点。

① 安装前，应仔细阅读使用说明书。

② 安装漏电保护器以后，被保护设备的金属外壳仍应进行可靠的保护接地。

③ 漏电保护器的安装位置应远离电磁场和有腐蚀性气体环境，并注意防潮、防尘、防振。

④ 安装时必须严格区分中性线和保护线，三极四线式或四极式漏电保护器的中性线应接入漏电保护器。经过漏电保护器的中性线不得作为保护线，不得重复接地或接设备的外露可导电部分；保护线不得接入漏电保护器。

⑤ 漏电保护器应垂直安装，倾斜度不得超过5°。电源进线必须接在漏电保护器的上方，即标有"电源"的一端；出线应接在下方，即标有"负载"的一端。

⑥ 作为住宅漏电保护时，漏电保护器应装在进户电度表或总开关之后，如图5-12所示。

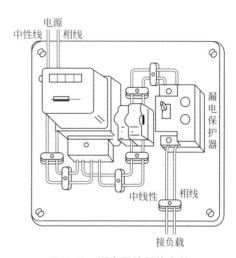

图5-12 漏电保护器的安装

⑦ 漏电保护器接线完毕投入使用前，应先做漏电保护动作试验，即按动漏电保护器上的试验按钮，漏电保护器应能瞬时跳闸切断电源。试验三次，确定漏电保护器工作稳定，才能投入使用。

⑧ 对投入运行的漏电保护器，必须每月进行一次漏电保护动作试验，不能产生正确保护动作的，应及时检修。

5.5　闸刀开关的选择和安装

5.5.1　闸刀开关的选择

① 闸刀开关的额定电压应大于或等于线路的额定电压，常选用250V、220V等。
② 闸刀开关的额定电流应稍大于线路中的最大负载电流，常选用10A、15A、30A等。

5.5.2　闸刀开关的安装注意事项

① 刀开关必须垂直安装在开关板上，并使开关的上接线桩接进线电源，下接线桩接负荷线路。刀开关不允许横装和倒装，以防当刀开关断开后，若支架松动，刀闸在自身重力作用下跌落而意外合闸，造成触电事故。

② 刀开关应安装在防潮、防尘、防振的地方。平时做好防尘、除尘工作，以免刀开关绝缘性能降低而引起短路。

③ 连接刀开关接线桩头的导线，不能在桩头外露出线芯，否则易造成触电事故。

④ 刀开关不应带负荷合闸或拉闸。一定要带负荷操作刀闸时，人体应尽量远离刀闸，动作必须迅速，避免拉合刀闸时产生的电弧灼伤人体。

5.5.3　闸刀开关的安装方法

闸刀开关的安装方法见表5-3。

表5-3　闸刀开关的安装方法

① 将闸刀用木螺钉固定在三连木上

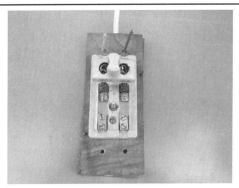

② 将电源线按"左零右火"的顺序穿入三连木

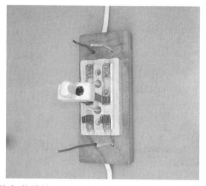

③将负载线按"左零右火"的顺序穿入三连木

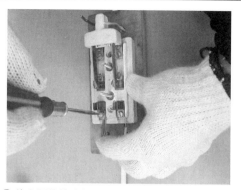

④将电源线接在闸刀上桩头上

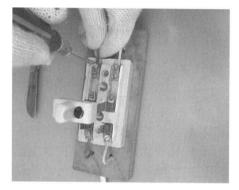

⑤将负载线接在闸刀下桩头上

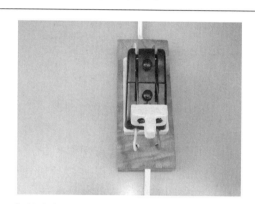

⑥接线完成后，检查接线是否压紧，如接线压紧，应盖上闸刀盖，闸刀安装完毕

5.5.4 瓷插式保险丝的更换方法

瓷插式保险丝的更换方法见表5-4。

表5-4 瓷插式保险丝的更换方法

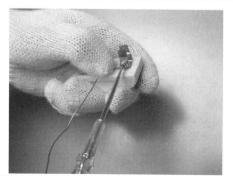

①用小型螺丝刀将保险丝的一端压紧在螺钉及垫片下

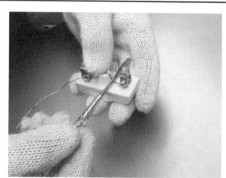

②保险丝在压接中要顺着瓷插保险的槽放置，切勿把保险丝拉得太紧

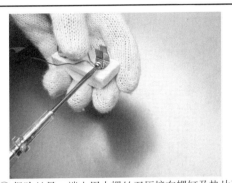	
③ 保险丝另一端也用小螺丝刀压接在螺钉及垫片下	④ 压接完成后，将多余的保险丝用螺丝刀切下

5.6 室内线路的安装

5.6.1 塑料护套线配线

塑料护套线是一种具有塑料保护层的双芯或多芯绝缘导线，它具有防潮、线路造价低和安装方便等优点，可以直接敷设在墙壁、空心板及其他建筑物表面，此种方式广泛用于室内电气照明线路及小容量生活、生产等配电线路的明线安装。

塑料护套线的配线方法如表5-5所示。

表5-5　塑料护套线的配线方法

步　骤	相　关　要　求	图　示
定位、画线	先确定线路的走向、各用电器的安装位置，然后用粉线袋画线，每隔150～300 mm画出固定铝线卡的位置	150~300mm
固定铝线卡	铝线卡的规格有0、1、2、3、4号等，号码越大，长度越长。按固定方式不同，铝线卡的形状有用小铁钉固定和用黏合剂固定两种	钉孔　粘贴部位
	在木结构上可用小铁钉固定铝线卡；在抹灰的墙上，每隔4～5个铝线卡处，及进入木台和转角处需用木榫固定铝线卡，其余的可用小铁钉直接将铝线卡钉在灰浆墙上	
	在砖墙上或混凝土墙上可用木榫或环氧树脂黏合剂固定铝线卡	

步　骤	相 关 要 求	图　示
敷设护套线	为了使护套线敷设得平直，可在直线部分的两端临时安装两副瓷夹，敷线时先把护套线一端固定在一副瓷夹内并旋紧瓷夹，接着在另一端收紧护套线并勒直，然后固定在另一副瓷夹中，使整段护套线挺直，最后将护套线依次夹入铝线卡中	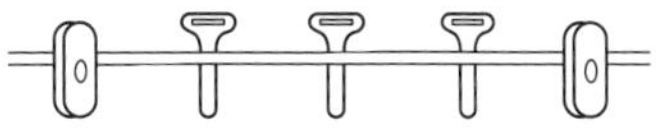
	护套线转弯时，转弯圆度要大，其弯曲半径不应小于导线宽度的6倍，以免损伤导线，转弯前后应各用一个铝线卡夹住	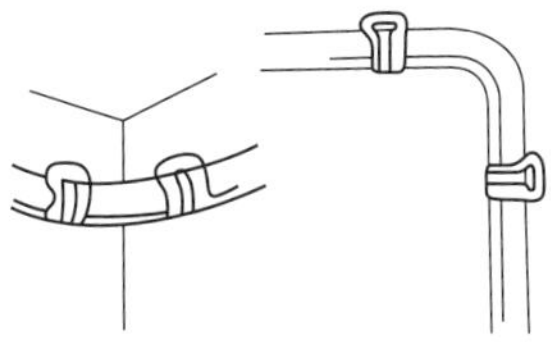
	护套线进入木台前应安装一个铝线卡	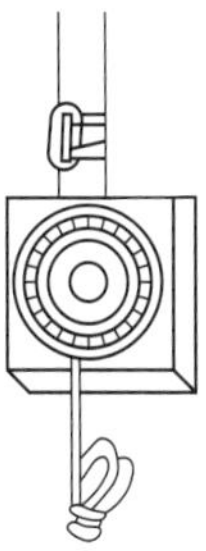
	两根护套线相互交叉时，交叉处要用4个铝线卡夹住	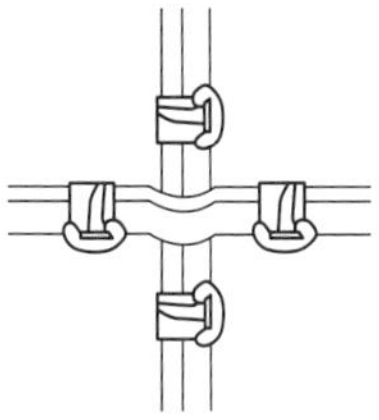
	如果是铅包线，必须把整个线路的铅包层连成一体，并进行可靠的接地	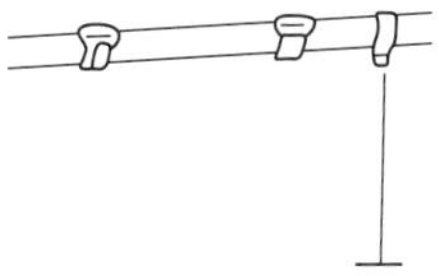
夹持铝片线卡	护套线均置于铝线卡的钉孔位置后，即可按图示方法将铝线卡收紧夹持护套线	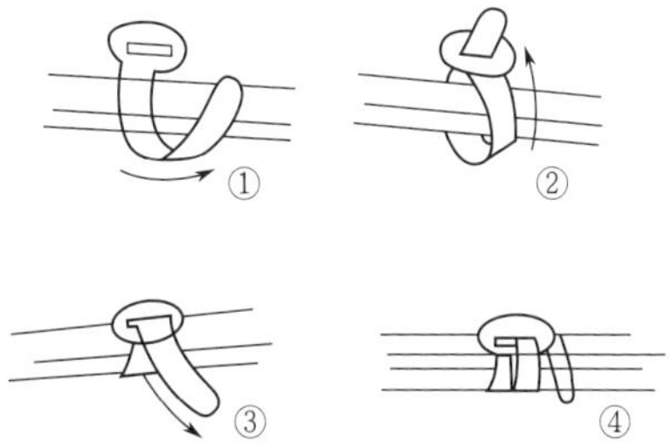

护套线敷设时的注意事项如下。

① 室内使用的塑料护套线，其截面规定：铜芯不得小于 $0.5mm^2$，铝芯不得小于 $1.5mm^2$。室外使用的塑料护套线，其截面规定：铜芯不得小于 $1.0mm^2$，铝芯不得小于 $2.5mm^2$。

②护套线不可在线路上直接连接，其接头可通过瓷接头、接线盒或木台来连接。塑料护套线进入灯座盒、插座盒、开关盒及接线盒连接时，应将护套层引入盒内。明装的电器则应引入电器内。

③不准将塑料护套线或其他导线直接埋设在水泥或石灰粉刷层内，也不准将塑料护套线在室外露天场所敷设。

④护套线安装在空心楼板的圆柱孔内时，导线的护套层不得损伤，并做到便于更换导线。

⑤护套线与自来水管、下水道管等不发热的管道及接地导线紧贴交叉时，应加强绝缘保护，在容易受机械损伤的部位应用钢管保护。

⑥塑料护套线跨越建筑物的伸缩缝、沉降缝时，在跨越的一段导线两端应可靠地固定，并应做成弯曲状，以留有一定余量。

⑦严禁将塑料护套线直接敷设在建筑物的顶棚内，以免发生火灾事故。

⑧塑料护套线的弯曲半径不应小于其外径的3倍；弯曲处护套和线芯绝缘层应完整无损伤。

⑨沿建筑物、构筑物表面明配的塑料护套线应符合以下要求：应平直，不应松弛、扭绞和曲折；应采用铝片卡或塑料线钉固定，固定点间距应均匀，其距离宜为150～200 mm，若为塑料线钉，此距离可增至250～300 mm。

5.6.2　钢管配线

（1）选用钢管

选择时要注意钢管不能有折扁、裂纹、砂眼，管内应无毛刺、铁屑，管内外不应有严重锈蚀。根据导线截面和根数选择不同规格的钢管使管内导线的总截面（含绝缘层）不超过内径截面的40%，如图5-13所示。

图5-13　选择钢管

（2）加工钢管

①除锈与涂漆。用圆形钢丝刷，两头各系一根铁丝穿过线管，来回拉动钢丝刷进行管内除锈；管外壁可用钢丝刷除锈；管子除锈后，可在内外表面涂以油漆或沥青漆，但埋设在混凝土中的电线管外表面不要涂漆，以免影响混凝土的结构强度，如图5-14所示。

②锯割。锯管前应先检查线管有否裂缝、瘪陷和管口有无封口，然后以两个接线盒之间为一个线段，根据线路弯曲转角情况决定几根线管接成一个线段并确定弯曲部位，最后按需要长度锯管，如图5-15所示。

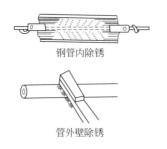

钢管内除锈

管外壁除锈

图5-14　钢管除锈

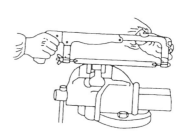

图5-15　钢管锯割

③ 套螺纹。先选好与管子配套的圆扳手，固定在铰手套扳架内，将管子固定后，平正地套上管端，边扳动手柄边平稳向前推进，即可套出所需螺纹，如图5-16所示。

④ 弯管。弯管时应将钢管的焊缝置于弯曲方面的两侧，以避免焊缝出现皱叠、断裂和瘪陷等现象。如果钢管需要加热弯形，则管中应灌入干燥无水分的沙子，如图5-17所示。

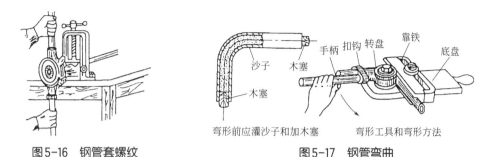

图5-16 钢管套螺纹　　　　　　　　图5-17 钢管弯曲

（3）管间连接与管盒连接

① 管间连接。为了保证管子接口严密，管子的螺纹部分应缠上麻丝，并在麻丝上涂一层白漆，如图5-18所示。

② 管盒连接。先在管线上旋一个螺母（俗称根母），然后将管头穿入接线盒内，再旋上螺母，最后用两把扳手同时锁紧螺母，如图5-19所示。

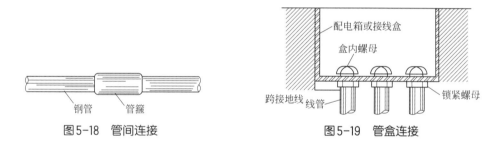

图5-18 管间连接　　　　　　　　　图5-19 管盒连接

（4）明敷设钢管

① 敷设钢管。敷管应分段进行，选取已预制好的本敷设段线管后立即装盒，每段线管只能在敷设向终端装上接线盒，不应两端同时装上接线盒；敷设的线管不能逐段整理和纠直，应进行整体调整，否则局部虽能达到横平竖直，但整体往往折线状曲折；纠正定型后，若采用钢管的，应在线管每一连接点进行过渡跨接；在每段线管内穿入引线，并在每个管口塞木塞或纸塞，若有盒盖，还应装上盒盖，如图5-20所示。

② 固定钢管。可用管卡将钢管直接固定在墙上［图5-21（a）］，或用管卡将其固定在预埋的角钢支架上［图5-21（b）］，还可用管卡槽和板管卡敷设钢管［图5-21（c）］。

③ 装设补偿盒。在建筑物伸缩缝处，安装一段略有弧度的软管，以便基础下沉时，借助软管弧度和弹性而伸缩，如图5-22所示。

（5）暗敷设钢管

① 在现浇混凝土楼板内敷设钢管。敷设钢管应在浇灌混凝土以前进行。通常，先用石（砖）块在楼板上将钢管垫高15mm以上，使钢管与混凝土模板保持一定距离，然后用铁丝将钢管固定在钢筋上，或用钉子将其固定在模板上，如图5-23所示。

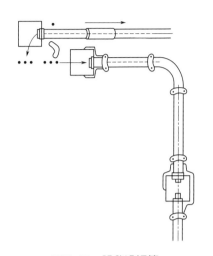

图5-20　明敷设钢管

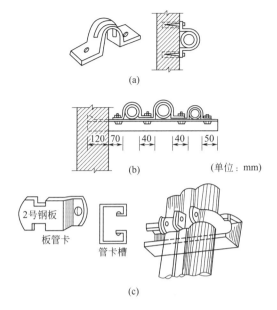

(a)

(b)

(单位：mm)

2号钢板

板管卡　管卡槽

(c)

图5-21　固定钢管

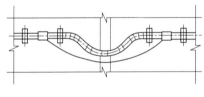

图5-22　装设补偿盒

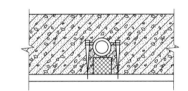

图5-23　在现浇混凝土楼板内敷设钢管

　　② 钢管接地。敷设的钢管必须可靠接地，一般在钢管与钢管、钢管与配电箱及接线盒等连接处用$\phi6 \sim 10$mm的圆钢或多股导线制成的跨接线连接，并在干线始末两端和分支线管上分别与接地体可靠连接，如图5-24所示。

　　③ 装设补偿盒。在建筑物伸缩缝处装设补偿盒，在补偿盒的一侧开一长孔将线管穿入，无需固定，而另一侧应用六角管子螺母将伸入的线管与补偿盒固定，如图5-25所示。

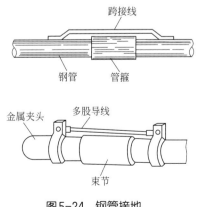

跨接线

钢管　管箍

金属夹头　多股导线

束节

图5-24　钢管接地

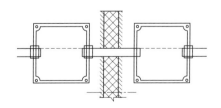

图5-25　在暗装钢管时装设补偿盒

5.6.3 硬塑料管配线

（1）选择硬塑料管

敷设电气线路的硬塑料管应选用热塑料管。对管壁厚度的要求是：明敷时不小于2mm，暗敷时不小于3mm，如图5-26所示。

（2）连接硬塑料管

① 烘热直接插接。此连接方法适用于ϕ50mm以下的硬塑料管。连接前先将两根管子的管口分别内、外倒角[图5-27（a）]，并用汽油或酒精把管子插接段

图5-26　选择硬塑料管

擦净，然后将外接管插接段放在电炉或喷灯上加热至145℃左右，呈柔软状态后，将内接管插入部分涂一层黏合剂（过氯乙烯胶）后迅速插入外接管，立即用湿布冷却，使管子恢复原来的硬度[图5-27（b）]。

② 用模具胀管插接硬塑料管。此连接方法适用于ϕ65mm及以上硬塑料管连接。按烘热直接插接法要求将外接管加热至145℃呈柔软状态时，插入已加热的金属成型模具进行扩口，然后用水冷却至50℃左右，取下模具，再用水冷却外接管使其恢复原来的硬度。在外接管和内接管两端涂过氯乙烯胶后，把内接管插入外接管并加热插接段，最后用水冷却即可。

如果条件具备，再用聚氯乙烯焊条在接合处焊2～3圈，以确保密封良好，如图5-28所示。

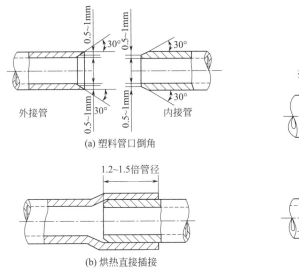

图5-27　烘热法插接塑料管

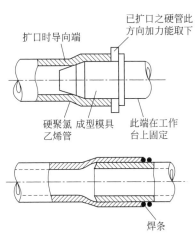

图5-28　用模具插接塑料管

③ 用套管套接。连接前将同径硬塑料管加热扩大成套管，然后把需连接的两管插接段内、外倒角，用汽油或酒精擦净涂上黏合胶，迅速插入热套管中，如图5-29所示。

（3）弯曲硬塑料管

① 直接加热弯曲硬塑料管。此法适用于ϕ20mm及以下的塑料管。加热时，将待弯曲部分在热源上匀速转动，使其受热均匀，待管子软化，趁热在木模上弯曲，如图5-30所示。

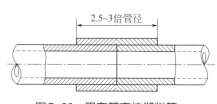

图5-29 用套管套接塑料管

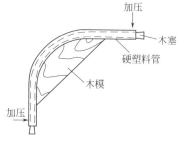

图5-30 直接加热弯曲塑料管

② 灌沙加热弯曲硬塑料管。此法适用于ϕ25mm及以上的塑料管。沙子应灌实，否则，管子易弯瘪，且沙子应是干燥无水分的沙子。灌沙后，管子的两端应使用木塞封堵，如图5-31所示。

（4）敷设硬塑料管

① 管径为20mm及以下时，管卡间距为1.0m；管径为25～40mm时，管卡间距为1.2～1.5m；管径为50mm及以上时，管卡间距为2.0m。硬塑料管也可在角铁支架上架空敷设，支架间距不得超过上述标准。

② 塑料管穿过楼板时，距楼面0.5m的一段应穿钢管保护。

③ 塑料管与热力管平行敷设时，两管之间的距离不得小于0.5m。

④ 塑料管的热膨胀系数比钢管大5～7倍，敷设时应考虑热胀冷缩问题。一般在管路直线部分每隔30m应加装一个补偿装置[图5-32（a）]。

⑤ 与塑料管配套的接线盒、灯头盒不得使用金属制品，只可使用塑料制品。同时，塑料管与接线盒、灯头盒之间的固定一般也不得使用锁紧螺母和管螺母，而应使用胀扎管头绑扎[图5-32（b）]。

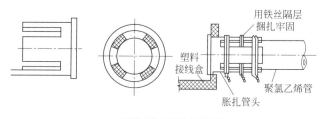

(a) 硬塑料管伸缩补偿装置

(b) 硬塑料管与接线盒用胀扎管头固定

图5-32 敷设塑料管时加装补偿装置

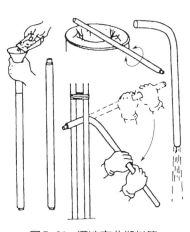

图5-31 灌沙弯曲塑料管

（5）管内穿线

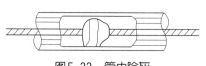

图5-33 管内除灰

① 除灰。用压力为0.25MPa的压缩空气吹入电线管，或用钢丝上绑以擦布在电线管内来回拉数次，以便除去线管内的灰土和水分，最后向管内吹入滑石粉，如图5-33所示。

② 穿入铁丝引线。将管口毛刺锉去，选用$\phi 1.2mm$的钢丝作引线，当线管较短且弯头较少时，可把钢丝由管子一端送向另一端；如线管较长可在线管两端同时穿入钢丝引线，引线应弯成小钩，当钢丝引线在管中相遇时，用手转动引线，使其钩在一起，用一根引线钩出另一根引线，如图5-34所示。

③ 扎结线头。勒直导线并剖去两端导线绝缘层，在线头两端标上同一根的记号，然后将各导线绑在引线弯钩上并用胶布缠好，如图5-35所示。

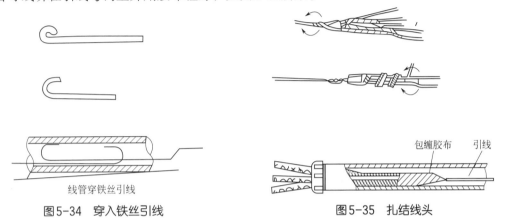

图5-34 穿入铁丝引线

图5-35 扎结线头

④ 拉线。导线穿入线管前先套上护圈，并撒些滑石粉，然后一个人将导线理成平行束并往线管内送，另一人在另一端慢慢拉出引线，如图5-36所示。

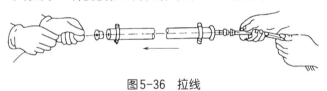

图5-36 拉线

5.6.4 线槽配线

线槽配线便于施工、安装便捷，多用于明装电源线、网络线等线路的敷设，常用的塑料线槽材料为聚氯乙烯，由槽底和槽盖组合而成。

塑料线槽的选用，可根据敷设线路的情况选用合适的线槽规格。线槽配线的方法如表5-6所示。

表5-6 线槽配线的方法

步骤	相 关 要 求	图 示
定位划线	根据电路施工图的要求，先在建筑物上确定并标明照明器具、插座、控制电器、配电板等电气设备的位置，并按图纸上电路的走向划出槽板敷设线路。按规定划出钉铁钉的位置，特别要注意标明导线穿墙、穿楼板、起点、分支、终点等位置及槽板底板的固定点。槽板底板固定点间的直线距离不大于500mm，起始、终端、转角、分支等处固定点间的距离不大于50mm	

步骤		相关要求	图示
凿孔与预埋		用电锤或手电钻在墙上已划出的钉铁钉处钻出直径为10mm的小孔，深度应大于木塞的长度。把已削好的木塞头部塞入墙孔中，轻敲尾部，使木塞与墙孔垂直、松紧合适后，再用力将木塞敲入孔中，注意不要将木塞敲烂	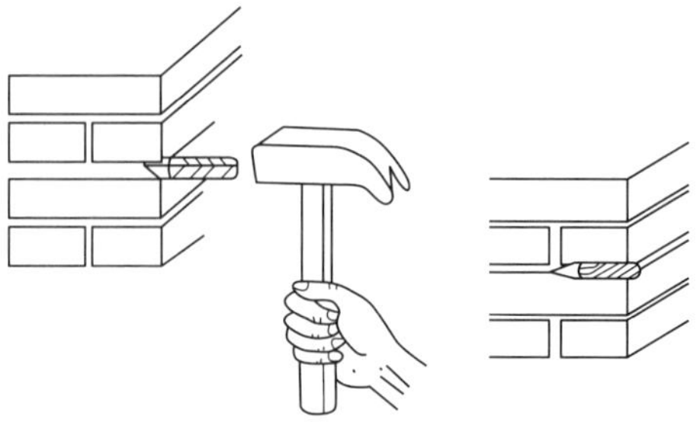
安装槽板	对接	将要对接的两块槽板的底板或盖板锯成45°断口，交错紧密对接，底板的线槽必须对正，但注意盖板和底板的接口不能重合，应互相错开20mm以上	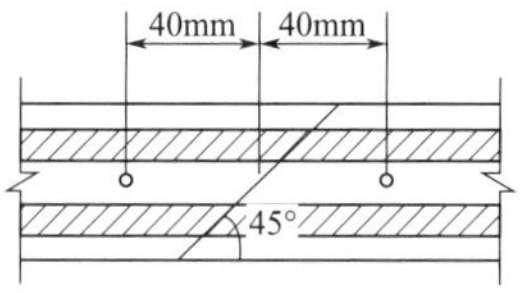 40mm 40mm　　30mm 30mm 45°　　45° 底板对接 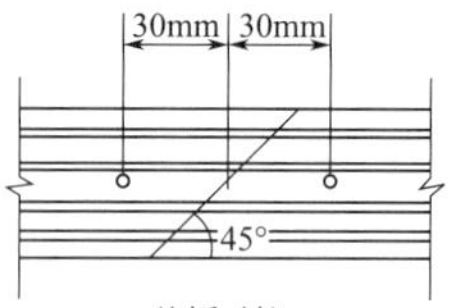　　盖板对接
	转角拼接	把两块槽板的底板和盖板端头锯成45°断口，并把转角处线槽之间的楞削成弧形，以免割伤导线绝缘层	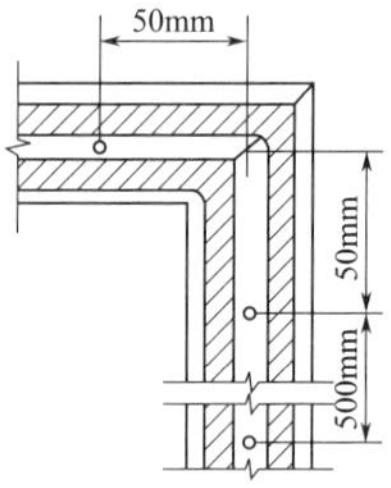 50mm　　30mm 50mm　30mm 500mm　300mm 底板转角 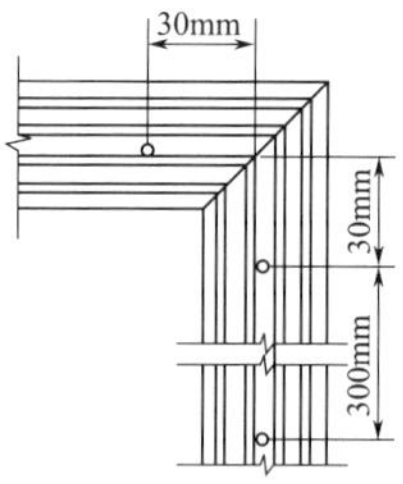　　盖板转角
	T形拼接	在支路槽板的端头，两侧各锯掉腰长等于槽板宽度1/2的等腰直角三角形，留下夹角为90°的接头。干线槽板则在宽度的1/2处，锯一个与支路槽板尖头配合的90°凹角，拼接时，在拼接点上把干线底板正对支路线槽的棱锯掉、铲平，以便分支导线在槽内顺利通过	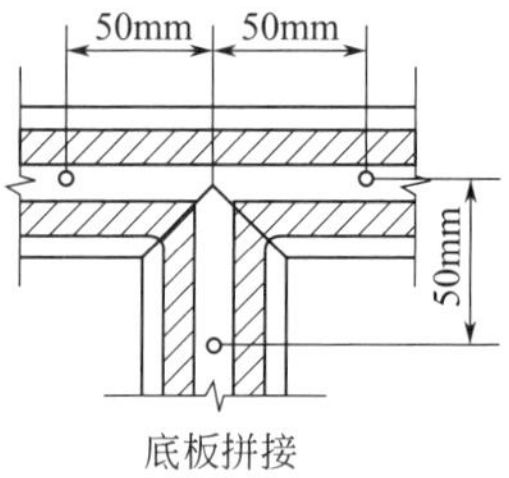 50mm 50mm　　30mm 30mm 50mm　30mm 底板拼接 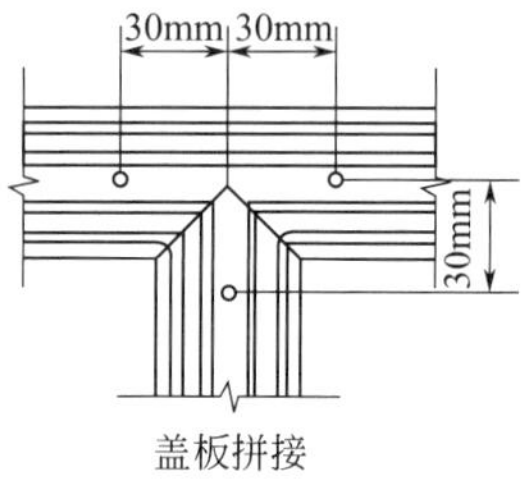　　盖板拼接
	十字拼接	用于水平（或竖直）干线上有上下（或左右）分支线的情况，它相当于上下（或左右）两个T形拼接，工艺要求与T形拼接相同	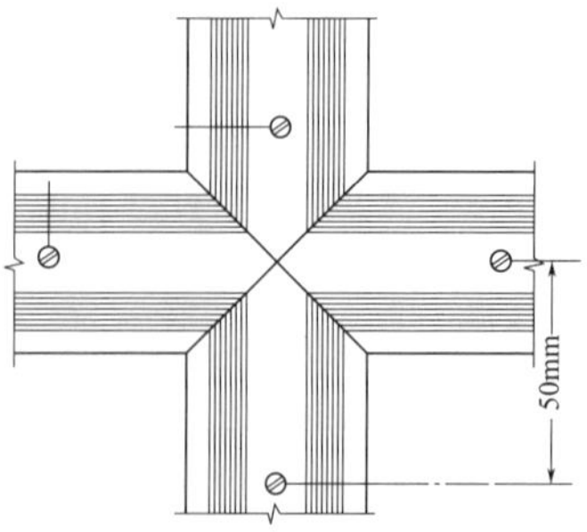 50mm

步骤	相 关 要 求	图 示
敷设导线	敷设导线时，应注意三个问题。①一条槽板内只能敷设同一回路的导线。②槽板内的导线，不能受到挤压，不应有接头。如果必须有接头和分支，应在接头或分支处装设接线盒[图（a）]。③导线伸出槽板与灯具、插座、开关等电器连接时，应留出100mm左右的裕量，并在这些电器的安装位置加垫木台，木台应按槽板的宽度和厚度锯成豁口，卡在槽板上[图（b）]。如果线头位于开关板、配电箱内，则应根据实际需要的长度留出裕量，并在线端做好记号，以便接线时识别	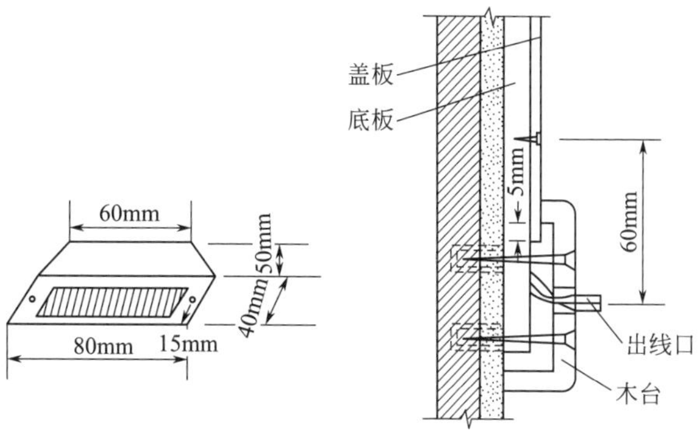 60mm　50mm　40mm　80mm　15mm　　盖板　底板　5mm　60mm　出线口　木台　（a）接线盒　（b）槽板伸入木台做法
固定盖板	固定盖板与敷线应同时进行。边敷线边将盖板固定在底板上。固定时多用钉子将盖板钉在底板的中棱上。钉子要垂直进入，否则会伤及导线。钉子与钉子之间的距离，直线部分不应大于300mm；离起点、分支、接头和终端等的距离不应大于30mm。盖板做到终端，若没有电器和木台，应进行封端处理：先将底板端头锯成一斜面，再将盖板封端处锯成斜口，然后将盖板按底板斜面坡度折覆固定	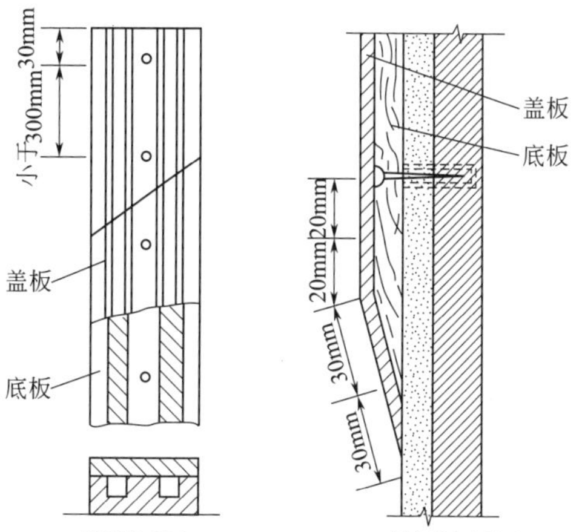 30mm　小于300mm　盖板　底板　盖板的固定　槽板的封端　盖板　底板　20mm　20mm　30mm　30mm　槽板封端做法

5.7　照明灯的安装与检修

5.7.1　拉线开关的安装

　　拉线开关的安装如图5-37所示。安装时，应先在绝缘的方（或圆）木台上钻三个孔，穿进导线后，用一只木螺钉将木台固定在支承点上。然后拧下拉线开关盖，把两根导线头分别穿入开关底座的两个穿线孔内，用两根木螺钉，将开关底座固定在绝缘木台（或塑料台）上，把导线分别接到接线桩上，然后拧上开关盖。明装拉线开关拉线口应垂直向下不使拉线和开关底座发生摩擦，防止拉线磨损断裂。

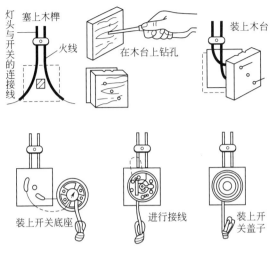

图5-37 拉线开关的安装

5.7.2 跷板式开关的安装

跷板式开关应与配套的开关盒进行安装。常用的跷板式塑料开关盒如图5-38（a）所示。开关接线时，应使开关切断相线，并应根据跷板式开关的跷板或面板上的标志确定面板的装置方向，即装成跷板下部按下时，开关处在合闸的位置，跷板上部按下时，开关应处在断开位置，如图5-38（b）所示。

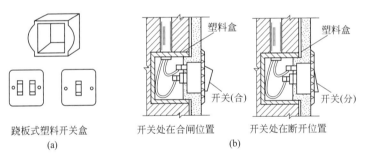

图5-38 跷板式开关的安装

5.7.3 开关的常见故障及检修方法

开关的常见故障及检修方法见表5-7。

表5-7 开关的常见故障及检修方法

故 障 现 象	产 生 原 因	检 修 方 法
开关操作后电路不通	① 接线螺钉松脱，导线与开关导体不能接触 ② 内部有杂物，使开关触片不能接触 ③ 机械卡死，拨拉不动	① 打开开关，紧固接线螺钉 ② 打开开关，清除杂物 ③ 给机械部位加润滑油，机械部分损坏严重时，应更换开关

故障现象	产 生 原 因	检 修 方 法
接触不良	① 压线螺钉松脱 ② 开关接线处铝导线与铜压接头形成氧化层 ③ 开关触头上有污物 ④ 拉线开关触头磨损、打滑或烧毛	① 打开开关盖，压紧接线螺钉 ② 换成搪锡处理的铜导线或铝导线 ③ 断电后，清除污物 ④ 断电后修理或更换开关
开关烧坏	① 负载短路 ② 长期过载	① 处理短路点，并恢复供电 ② 减轻负载或更换容量大一级的开关
漏电	① 开关防护盖损坏或开关内部接线头外露 ② 受潮或受雨淋	① 重新配全开关盖，并接好开关的电源连接线 ② 断电后进行烘干处理，并加装防雨措施

5.8　插座的安装与检修

5.8.1　插座的接线

插座应正确接线，单相两孔插座为面对插座的右极接电源火线，左极接电源零线；单相三孔及三相四孔插座为保护接地（接零）极均应接在上方，如图5-39所示。

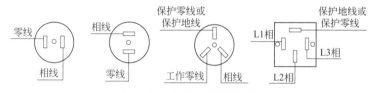

图5-39　插座的接线方式

5.8.2　插座暗装

插座的暗装方法见表5-8。

表5-8　插座的暗装方法

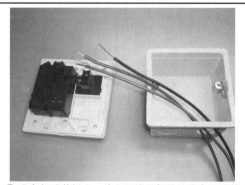

① 准备好暗装插座，将电源线及保护地线穿入暗装盒

② 用螺丝刀将开关一相线连在插座的相线接线架上

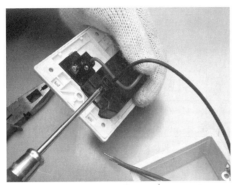

③ 将保护地线接在插座的接地（⊥）接线架上

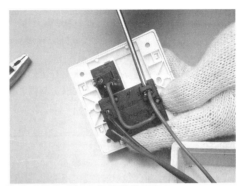

④ 将零线接到插座的零线接线架上

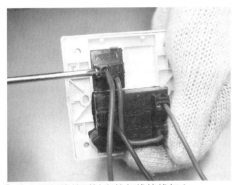

⑤ 将电源相线接到插座的相线接线架上

⑥ 接好后用钢丝钳对电线进行整形，将插座固定在暗装接线盒上，安装完毕

5.8.3 单相临时多孔插座的安装

单相临时多孔插座的安装见表5-9。

表5-9 单相临时多孔插座的安装

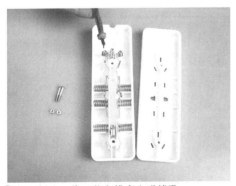

① 打开插座，将三芯电线穿入进线孔

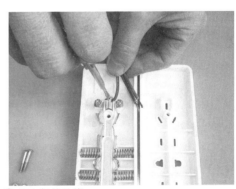

② 接上保护地线

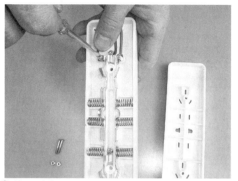

③ 接上零线

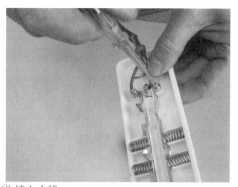

④ 接上火线

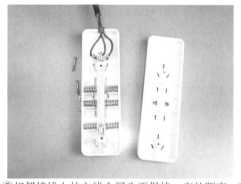

⑤相邻接线上的电线金属头要保持一定的距离，不允许有毛刺，以防短路

⑥ 盖上插座盖，旋上固定螺钉，安装完毕

5.8.4　三脚插头的安装

三脚插头的安装见表5-10。

表5-10　三脚插头的安装

① 打开三脚插头

② 安装保护接地线

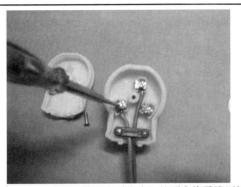

③ 剥好零线头、按"左零右火"的顺序将零线压接
在左下脚的接线柱上

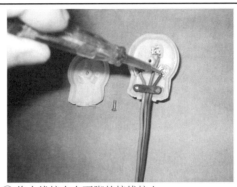

④ 将火线接在右下脚的接线柱上

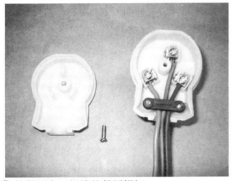

⑤ 拧紧固定三根线的紧固螺钉

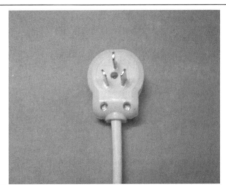

⑥ 盖上插头后盖，旋上螺钉，插头安装完毕

5.8.5 插座的常见故障及检修方法

插座的常见故障及检修方法见表5-11。

表5-11 插座的常见故障及检修方法

故 障 现 象	产 生 原 因	检 修 方 法
插头插上后不通电或接触不良	① 插头压线螺钉松动，连接导线与插头片接触不良 ② 插头根部电源线在绝缘皮内部折断，造成时通时断 ③ 插座口过松或插座触片位置偏移，使插头接触不上 ④ 插座引线与插座压接导线螺钉松开，引起接触不良	① 打开插头，重新压接导线与插头的连接螺钉 ② 剪断插头端部一段导线，重新连接 ③ 断电后，将插座触片收拢一些，使其与插头接触良好 ④ 重新连接插座电源线，并旋紧螺钉
插座短路	① 导线接头有毛刺，在插座内松脱引起短路 ② 插座的两插口相距过近，插头插入后碰连引起短路 ③ 插头内接线螺钉脱落引起短路 ④ 插头负载端短路，插头插入后引起弧光短路	① 重新连接导线与插座，在接线时要注意将接线毛刺清除 ② 断电后，打开插座修理 ③ 重新把紧固螺钉旋进螺母位置，固定紧 ④ 消除负载短路故障后，断电更换同型号的插座

故障现象	产生原因	检修方法
插座烧坏	① 插座长期过载 ② 插座连接线处接触不良 ③ 插座局部漏电引起短路	① 减轻负载或更换容量大的插座 ② 紧固螺钉，使导线与触片连接好并清除生锈物 ③ 更换插座

5.9 节能灯（纯三基色）与白炽灯的安装与检修

5.9.1 节能灯与白炽灯的常用控制电路

（1）一只开关控制一盏灯电路

电路如图5-40所示，这是一种最基本、最常用的照明灯控制电路。开关S应串接在220V电源相线上，如果使用的是螺口灯头，相线应接在灯头中心接点上。开关可以使用拉线开关、扳把开关或跷板式开关等单极开关。开关以及灯头的功率不能小于所安装灯泡的额定功率。

为了便于夜间开灯，寻找到开关位置。可以采用有发光指示的开关来控制照明灯。电路如图5-41所示，当开关S打开时，220V交流电经电阻R降压限流加到发光二极管LED两端，使LED通电发光。此时流经电灯EL的电流甚微，约2mA，可以认为不消耗电能，电灯也不会点亮。合上开关S，电灯EL可正常发光，此时LED熄灭。若打开S，LED不发光，如果不是灯泡EL灯丝烧断，那就是电网断电了。

图5-40 一只开关控制一盏灯

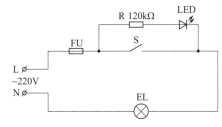

图5-41 白炽灯采用有发光指示的开关电路

（2）一只开关控制三盏灯（或多盏灯）电路

电路如图5-42所示，安装接线时，要注意所连接的所有灯泡总电流，应小于开关允许通过的额定电流值。为了避免布线中途的导线接头，减少故障点，可将接头安排在灯座中，电路如图5-42（b）所示。

（3）两只开关在两地控制一盏灯电路

电路如图5-43（a）所示，这种方式用于需两地控制时，如楼梯上使用的照明灯，要求在楼上、楼下都能控制其亮灭。安装时，需要使用两根导线把两只单极双联开关连接起来。

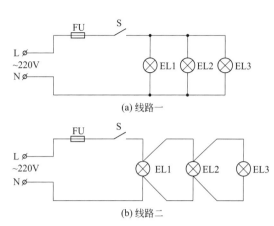

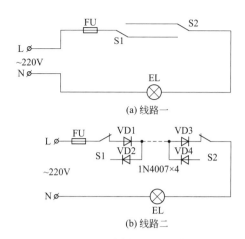

图5-42　一只开关控制三盏灯（或多盏灯）　　图5-43　两只开关在两地控制一盏灯

另一种线路[图5-43（b）]可在两开关之间节省一根导线，同样能达到两只开关控制一盏灯的效果。这种方法适用于两只开关相距较远的场所，缺点是由于线路中串接了整流管，灯泡的亮度会降低些，一般可应用于亮度要求不高的场合。二极管VD1～VD4一般可用1N4007，如果所用灯泡功率超过200W，则应用1N5407等整流电流更大的二极管。

（4）三地控制一只灯电路

由两只单刀双掷开关和一只双刀双掷开关可以实现三地控制一只灯的目的，电路如图5-44所示。图中，S1、S3为单刀双掷开关，S2为双刀双掷开关。不难看出，无论电路初始状态如何，只要扳动任意一只开关，负载EL将由断电状态变为通电状态或者相反。

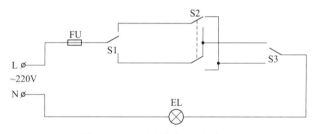

图5-44　三地控制一只灯电路

（5）五层楼照明灯控制电路

电路如图5-45所示，S1～S5分别装在一至五层楼的楼梯上，灯泡分另装在各楼层的走廊里。S1、S5为单极双联开关，S2～S4为双极双联开关。这样在任一楼层都可控制整座楼走廊的照明灯。例如上楼时开灯，到五楼再关灯，或从四楼下楼时开灯，到一楼再关灯。

（6）自动延时关灯电路

用时间继电器可以控制照明灯自动延时关灯。该方法简单易行，使用方便，能有效地避免长明灯现象，电路如图5-46所示。

SB1～SB4和EL1～EL4是设置在四处的开关和灯泡（如在四层楼的每一层设置一个灯泡和一个开关）。当按下SB1～SB4开关中的任意一只时，失电延时时间继电器KT得电后，其常开触点闭合，使EL1～EL4均点亮。当手离开所按开关后，时间继电器KT的接点并不立即断开，而是延时一定时间后才断开。在延时时间内灯泡EL1～EL4继续亮着，直至延时结束接点断开才同时熄灭。延时时间可通过时间继电器上的调节装置进行调节。

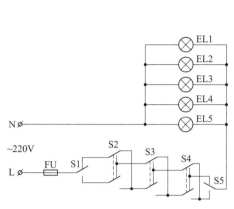

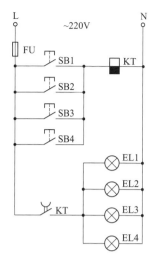

图5-45　五层楼照明灯控制电路　　　　图5-46　自动延时关灯电路

5.9.2　节能灯与白炽灯的安装方法

（1）吊线盒的安装

吊线盒的安装见表5-12。

表5-12　吊线盒的安装

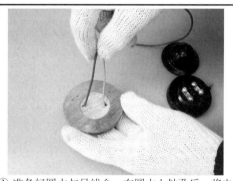

① 准备好圆木与吊线盒，在圆木上钻孔后，将电源线以"左零右火"的顺序穿入圆木

② 装上吊线盒，电源线穿过吊线盒穿线孔，将吊线盒用木螺钉固定在圆木上

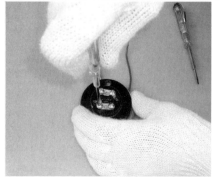

③ 将穿过吊线盒的电源相线、零线分别压接在接线螺钉上

④ 将灯头线穿过吊灯头盒后，对灯头吊线进行打结，以防止吊线盒接线受过大的拉力

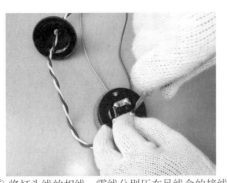

⑤ 将灯头线的相线、零线分别压在吊线盒的接线架上，接线牢固，多股线头应拧在一起，不能有毛刺，以防短路

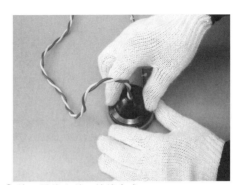

⑥ 旋上吊线盒盖，接线完成

（2）吊灯头的安装

吊灯头的安装见表5-13。

表5-13　吊灯头的安装

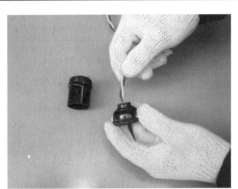

① 将电源交织线穿入螺口灯头盖内

② 将交织线打一蝴蝶结

③ 将电源相线接在螺口灯头的中心弹簧连通的接线柱上

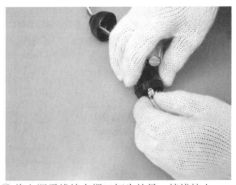

④ 将电源零线接在螺口灯头的另一接线柱上

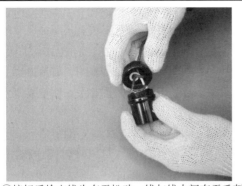

⑤接好后检查线头有无松动，线与线中间有无毛刺

⑥检查接线合格后，装上螺口灯头盖并装上螺口灯泡

（3）矮脚式电灯的安装

矮脚式电灯一般由灯头、灯罩、灯泡等组成，分卡口式和螺旋口式两种。

① 卡口矮脚式灯头的安装。卡口矮脚式灯头的安装方法和步骤如图5-47所示。

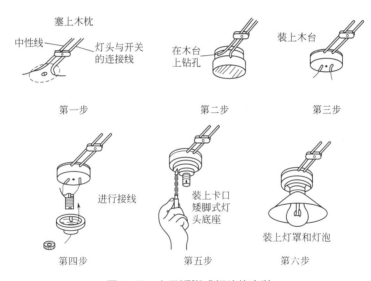

图5-47 卡口矮脚式灯头的安装

第一步，在准备装卡口矮脚式灯头的地方居中塞上木枕。

第二步，对准灯头上的穿线孔的位置，在木台上钻两个穿线孔和一个螺钉孔。

第三步，把中性线线头和灯头与开关连接线的线头对准位置穿入木台的两个孔里，用螺钉把木台连同底板一起钉在木枕上。

第四步，把两个线头分别接到灯头的两个接线桩头上。

第五步，用三枚螺钉把灯头底座装在木台上。

第六步，装上灯罩和灯泡。

② 螺旋口矮脚式电灯的安装。螺旋口矮脚式电灯的安装方法除了接线以外，其余与卡口矮脚式电灯的安装方法几乎完全相同，如图5-48所示。螺旋口式灯头接线时应注意：中性线要接到跟螺旋套相连的接线桩上，灯头与开关的连接线（实际上是通过开关的相线）要

接到跟中心铜片相连的接线桩头上，千万不可接反，否则在装卸灯泡时容易发生触电事故。

（4）吸顶灯的安装

吸顶灯与屋顶天花板的结合可采用过渡板安装法或直接用底盘安装法。

① 过渡板式安装。首先用膨胀螺栓将过渡板固定在顶棚预定位置。将底盘元件安装完毕后，再将电源线由引线孔穿出，然后托着底盘找过渡板上的安装螺栓，上好螺母。因不便观察而不易对准位置时，可用一根铁丝穿过底盘安装孔，顶在螺栓端部，使底盘慢慢靠近，沿铁丝顺利对准螺栓并安装到位，如图5-49所示。

② 直接用底盘安装。安装时用木螺钉直接将吸顶灯的底座固定在预先埋好在天花板内的木砖上，如图5-50所示。当灯座直径大于100mm时，需要用2～3只木螺钉固定灯座。

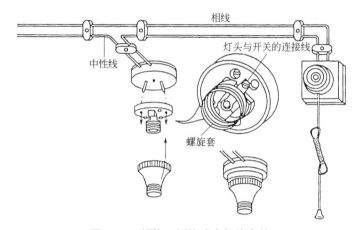

图5-48　螺旋口矮脚式电灯的安装

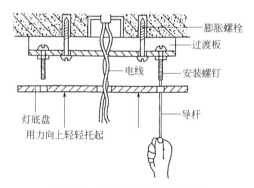

图5-49　吸顶灯经过渡板安装

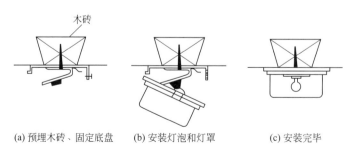

(a) 预埋木砖、固定底盘　　(b) 安装灯泡和灯罩　　(c) 安装完毕

图5-50　吸顶灯直接用底座安装

5.9.3 白炽灯的常见故障及检修方法

白炽灯的常见故障及检修方法见表5-14。

表5-14 白炽灯的常见故障及检修方法

故 障 现 象	产 生 原 因	检 修 方 法
灯泡不亮	① 灯丝烧断 ② 电源熔丝烧断 ③ 开关接线松动或接触不良 ④ 线路中有断路故障 ⑤ 灯座内接触点与灯泡接触不良	① 更换新灯泡 ② 检查熔丝烧断的原因并更换熔丝 ③ 检查开关的接线处并修复 ④ 检查电路的断路处并修复 ⑤ 去掉灯泡，修理弹簧触点，使其有弹性
开关合上后熔丝立即熔断	① 灯座内两线头短路 ② 螺口灯座内中心铜片与螺旋铜圈相碰短路 ③ 线路或其他电器短路 ④ 用电量超过熔丝容量	① 检查灯座内两接线头并修复 ② 检查灯座并扳准中心铜片 ③ 检查导线绝缘是否老化或损坏，检查同一电路中其他电器是否短路，并修复 ④ 减小负载或更换大一级的熔丝
灯泡发强烈白光，瞬时烧坏	① 灯泡灯丝搭丝造成电流过大 ② 灯泡的额定电压低于电源电压 ③ 电源电压过高	① 更换新灯泡 ② 更换与线路电压一致的灯泡 ③ 查找电压过高的原因并修复
灯光暗淡	① 灯泡内钨丝蒸发后积聚在玻壳内表面使玻壳发乌，透光度减低；同时灯丝蒸发后变细，电阻增大，电流减小，光通量减小 ② 电源电压过低 ③ 线路绝缘不良有漏电现象，致使灯泡所得电压过低 ④ 灯泡外部积垢或积灰	① 正常现象，不必修理，必要时可更换新灯泡 ② 调整电源电压 ③ 检修线路，更换导线 ④ 擦去灰垢
灯泡忽明忽暗或忽亮忽灭	① 电源电压忽高忽低 ② 附近有大电动机启动 ③ 灯泡灯丝已断，断口处相距很近，灯丝晃动后忽接忽离 ④ 灯座、开关接线松动 ⑤ 熔丝接头处接触不良	① 检查电源电压 ② 待电动机启动过后会好转 ③ 及时更换新灯泡 ④ 检查灯座和开关并修复 ⑤ 紧固熔丝

5.10 日光灯的安装与检修

5.10.1 日光灯的基本控制电路

（1）日光灯采用二线镇流器电路（一般的接法）

电路如图5-51所示，当开关闭合后，启辉器接通，灯管灯丝通电流发热，几秒钟时间，启辉器断开，镇流器产生高电压，加到日光灯灯管两端，使管内水银电离而导通，带电粒子打到灯管内壁荧光粉上，发出白光。当日光灯点亮后，镇流器起限制电流作用。

（2）日光灯采用四线镇流器电路

电路如图5-52所示，四线镇流器有四根引线，分主、副线圈。四线镇流器主线圈的两根引线和二线镇流器接法一样，副线圈要串接在启辉器回路中，便于启辉。由于副线圈的匝数少，因此交流阻抗较小，接线时应特别注意，切勿将副线圈接入电源，以免烧毁灯管和镇流器。使用时可测量线圈的冷态直流电阻加以区分，阻值大的为主线圈，阻值小的为副线圈。另外要注意接线极性的正确，可从观察灯管亮度和启辉情况判断极性是否正确。

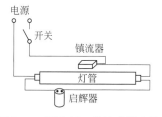

图5-51　日光灯二线镇流器电路

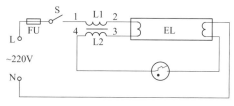

图5-52　日光灯四线镇流器电路

（3）双管日光灯电路

电路如图5-53所示，将2只日光灯线路并联后接到电源上，共用1只开关。闭合开关，2只灯管同时亮，断开开关，2只灯管同时熄灭。

（4）日光灯采用电子镇流器电路

电路如图5-54所示，日光灯采用电子镇流器可以提高功率因数，延长使用寿命。电子镇流器有6个接线头，2个接电源，4个接灯管的两个灯丝。

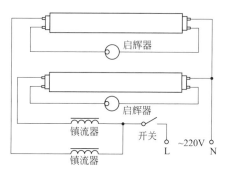

图5-53　双管日光灯电路

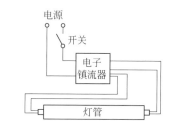

图5-54　日光灯采用电子镇流器电路

5.10.2　日光灯的安装方法

① 准备灯架。根据日光灯管的长度，购置或制作与之配套的灯架。

② 组装灯具。日光灯灯具的组装，就是将镇流器、启辉器、灯座和灯管安装在铁制或木制灯架上。组装时必须注意，镇流器应与电源电压、灯管功率相配套，不可随意选用。由于镇流器比较重，又是发热体，应将其扣装在灯架中间或在镇流器上安装隔热装置。启辉器规格应根据灯管功率来确定。启辉器宜装在灯架上便于维修和更换的地点。两灯座之间的距离应准确，防止因灯脚松动而造成灯管掉落。灯具的组装如图5-55所示。

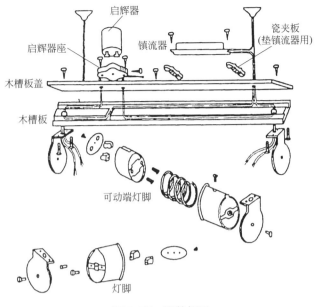

图5-55 组装灯具

③ 固定灯架。固定灯架的方式有吸顶式和悬吊式两种。悬吊式又分金属链条悬吊和钢管悬吊两种。安装前先在设计的固定点打孔预埋合适的固定件，然后将灯架固定在固定件上。

④ 组装接线。启辉器座上的两个接线端分别与两个灯座中的一个接线端连接，余下的接线端，其中一个与电源的中性线相连，另一个与镇流器的一个出线头连接。镇流器的另一个出线头与开关的一个接线端连接，而开关的另一个接线端则与电源中的一根相线相连。与镇流器连接的导线既可通过瓷接线柱连接，也可直接连接，但要恢复绝缘层。接线完毕，要对照电路图仔细检查，以免错接或漏接，如图5-56所示。

⑤ 安装灯管。安装灯管时，对插入式灯座，先将灯管一端灯脚插入带弹簧的一个灯座，稍用力使弹簧灯座活动部分向外退出一小段距离，另一端趁势插入不带弹簧的灯座。对开启式灯座，先将灯管两端灯脚同时卡入灯座的开缝中，再用手握住灯管两端头旋转约1/4圈，灯管的两个引出脚即被弹簧片卡紧，使电路接通，如图5-57所示。

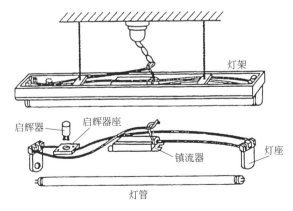

图5-56 日光灯的组装接线

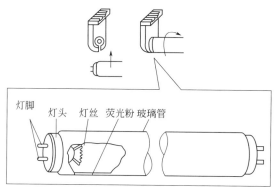

图5-57 安装灯管

⑥ 安装启辉器。最后把启辉器旋放在启辉器底座上，如图5-58所示。开关、熔断器等按白炽灯安装方法进行接线。检查无误后，即可通电试用。

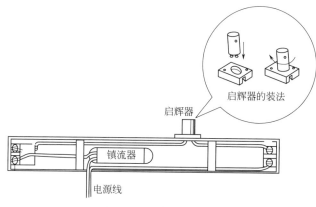

图5-58 安装启辉器

5.10.3 日光灯的常见故障及检修方法

日光灯的常见故障及检修方法见表5-15。

表5-15 日光灯的常见故障及检修方法

故障现象	产生原因	检修方法
日光灯管不能发光或发光困难	① 电源电压过低或电源线路较长造成电压降过大 ② 镇流器与灯管规格不配套或镇流器内部断路 ③ 灯管灯丝断丝或灯管漏气 ④ 启辉器陈旧损坏或内部电容器短路 ⑤ 新装日光灯接线错误 ⑥ 灯管与灯脚或启辉器与启辉器座接触不良 ⑦ 气温太低难以启辉	① 有条件时调整电源电压；线路较长应加粗导线 ② 更换与灯管配套的镇流器 ③ 更换新日光灯管 ④ 用万用表检查启辉器里的电容器是否短路，如有应更换新启辉器 ⑤ 断开电源及时更正错误线路 ⑥ 一般日光灯灯脚与灯管接触处最容易接触不良，应检查修复。另外，用手重新装调启辉器与启辉器座，使之良好配接 ⑦ 进行灯管加热、加罩或换用低温灯管

故障现象	产生原因	检修方法
日光灯灯光抖动及灯管两头发光	① 日光灯接线有误或灯脚与灯管接触不良 ② 电源电压太低或线路太长，导线太细，导致电压降太大 ③ 启辉器本身短路或启辉器座两接触点短路 ④ 镇流器与灯管不配套或内部接触不良 ⑤ 灯丝上电子发射物质耗尽，放电作用降低 ⑥ 气温较低，难以启辉	① 更正错误线路或修理加固灯脚接触点 ② 检查线路及电源电压，有条件时调整电压或加粗导线截面积 ③ 更换启辉器，修复启辉器座的触片位置或更换启辉器座 ④ 配换适当的镇流器，加固接线 ⑤ 换新日光灯灯管 ⑥ 进行灯管加热或加罩处理
灯光闪烁或光有滚动	① 更换新灯管后出现的暂时现象 ② 单根灯管常见现象 ③ 日光灯启辉器质量不佳或损坏 ④ 镇流器与日光灯不配套或有接触不良处	① 一般使用一段时间后即可好转，有时将灯管两端对调一下即可正常 ② 有条件可改用双灯管解决 ③ 换新启辉器 ④ 调换与日光灯管配套的镇流器或检查接线有无松动，进行加固处理
日光灯在关闭开关后，夜晚有时会有微弱亮光	① 线路潮湿，开关有漏电现象 ② 开关不是接在火线上而错接在零线上	① 进行烘干或绝缘处理，开关漏电严重时应更换新开关 ② 把开关接在火线上
日光灯管两头发黑或产生黑斑	① 电源电压过高 ② 启辉器质量不好，接线不牢，引起长时间的闪烁 ③ 镇流器与日光灯管不配套 ④ 灯管内水银凝结（是细灯管常见的现象） ⑤ 启辉器短路，使新灯管阴极发射物质加速蒸发而老化，更换新启辉器后，亦有此现象 ⑥ 灯管使用时间过长，老化陈旧	① 处理电压升高的故障 ② 换新启辉器 ③ 更换与日光灯管配套的镇流器 ④ 启动后即能蒸发，也可将灯管旋转180°后再使用 ⑤ 更换新的启辉器和新的灯管 ⑥ 更换新灯管
日光灯亮度降低	① 温度太低或冷风直吹灯管 ② 灯管老化陈旧 ③ 线路电压太低或压降太大 ④ 灯管上积垢太多	① 加防护罩并回避冷风直吹 ② 严重时更换新灯管 ③ 检查线路电压太低的原因，有条件时调整线路或加粗导线截面使电压升高 ④ 断电后清洗灯管并作烘干处理
噪声太大或对无线电干扰	① 镇流器质量较差或铁芯硅钢片未夹紧 ② 电路上的电压过高，引起镇流器发出声音 ③ 启辉器质量较差引起启辉时出现杂声 ④ 镇流器过载或内部有短路处 ⑤ 启辉器电容器失效开路，或电路中某处接触不良 ⑥ 电视机或收音机与日光灯距离太近引起干扰	① 更换新的配套镇流器或紧固硅钢片铁芯 ② 如电压过高，要找出原因，设法降低线路电压 ③ 更换新启辉器 ④ 检查镇流器过载原因（如是否与灯管配套，电压是否过高，气温是否过高，有无短路现象等），并处理；镇流器短路时应换新镇流器 ⑤ 更换启辉器或在电路上加装电容器或在进线上加滤波器来解决 ⑥ 电视机、收音机与日光灯的距离要尽可能离远些

故 障 现 象	产 生 原 因	检 修 方 法
日光灯管寿命太短或瞬间烧坏	① 镇流器与日光灯管不配套 ② 镇流器质量差或镇流器自身有短路致使加到灯管上的电压过高 ③ 电源电压太高 ④ 开关次数太多或启辉器质量差引起长时间灯管闪烁 ⑤ 日光灯管受到振动致使灯丝振断或漏气 ⑥ 新装日光灯接线有误	① 换接与日光灯管配套的新镇流器 ② 镇流器质量差或有短路处时，要及时更换新镇流器 ③ 电压过高时找出原因，加以处理 ④ 尽可能减少开关日光灯的次数，或更换新的启辉器 ⑤ 改善安装位置，避免强烈振动，然后再换新灯管 ⑥ 更正线路接错之处
日光灯的镇流器过热	① 气温太高，灯架内温度过高 ② 电源电压过高 ③ 镇流器质量差，线圈内部匝间短路或接线不牢 ④ 灯管闪烁时间过长 ⑤ 新装日光灯接线有误 ⑥ 镇流器与日光灯管不配套	① 保持通风，改善日光灯环境温度 ② 检查电源 ③ 旋紧接线端子，必要时更换新镇流器 ④ 检查闪烁原因，灯管与灯脚接触不良时要加固处理，启辉器质量差要更换，日光灯管质量差引起闪烁，严重时也需更换 ⑤ 对照日光灯线路图，进行更改 ⑥ 更换与日光灯管配套的镇流器

5.11 高压汞灯的安装与检修

5.11.1 高压汞灯的安装

高压汞灯是一种气体放电灯，主要由放电管、玻璃壳和灯头等组成。玻璃壳分内外两层，内层是一个石英玻璃放电管，管内有上电极、下电极和引燃极，并充有水银和氩气；外层是一个涂有荧光粉的玻璃壳，壳内充有少量氮气。高压汞灯的外形结构如图5-59所示。

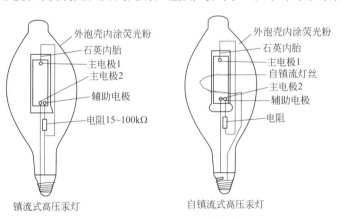

镇流式高压汞灯   自镇流式高压汞灯

图5-59 高压汞灯的外形结构

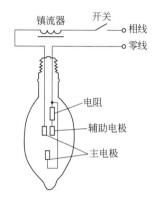

　　高压汞灯具有光色好、启动快、使用方便等优点，适用于工厂的车间、城乡的街道、农村的场院等场所的照明。在安装和使用高压汞灯时要注意以下几点。

　　① 高压汞灯分为镇流式和自镇流式两种类型。自镇流式灯管内装有镇流灯丝，安装时不必另加镇流器。镇流式高压汞灯应按如图5-60所示线路接线安装。

　　② 镇流式高压汞灯所配用镇流器的规格必须与灯泡功率一致。否则，接通电源后灯泡不是启动困难就是被烧坏。镇流器必须装在灯具附近，人体不能触及的位置。镇流器是发热元件，应注意通风散热，镇流器装在室外应有防雨措施。

　　③ 高压汞灯功率在125W及以下时，应配用E27型瓷质灯座；功率在175W及以上的，应配用E40型瓷质灯座。

　　④ 灯泡应垂直安装。若水平安装，亮度将减小且易自行熄灭。

　　⑤ 功率偏大的高压汞灯由于温度高，应装置散热设备。

图5-60　镇流式高压汞灯的接线图

　　⑥ 灯泡启辉后4～8min才能达到正常亮度。灯泡在点燃中突然断电，如再通电点燃，需待10～15min，这是正常现象。如果电源电压正常，又无线路接触不良，灯泡仍有熄灭和自行点燃现象反复出现，说明灯泡需要更换。

5.11.2　高压汞灯的常见故障及检修方法

　　高压汞灯的常见故障及检修方法见表5-16。

表5-16　高压汞灯的常见故障及检修方法

故障现象	产生原因	检修方法
开关合上后灯泡不亮	① 电源进线无电压 ② 电路中有短路点 ③ 电路中有断路处 ④ 开关接触不良 ⑤ 电源保险丝熔断 ⑥ 灯泡灯丝已断 ⑦ 灯泡与灯头内舌头接触不良 ⑧ 灯头内接线脱落或烧断 ⑨ 电源电压过低 ⑩ 灯泡质量太差或由于机械振动内部损坏 ⑪带镇流器的高压汞灯镇流器损坏	① 检查电源 ② 找出短路点加以处理 ③ 找出断路处并修复 ④ 检修开关 ⑤ 更换新保险丝并用螺钉压紧 ⑥ 更换为新灯泡 ⑦ 用小电笔将螺口灯头内舌头向外勾出一些，使其与灯泡接触良好 ⑧ 将脱落或烧断的线重新接好 ⑨ 检查电源 ⑩ 更换质量合格的新灯泡 ⑪更换新的镇流器
灯泡发出强光或瞬间烧毁，灯泡变为微暗蓝色	① 电源电压过高，应接220V电源电压错接于380V上 ② 附带镇流器的灯泡，镇流器匝间短路或整体短路 ③ 灯泡漏气，外壳玻璃损伤，裂纹漏气	① 检查电源，如接错电源应更正 ② 更换与灯管配套的新镇流器 ③ 更换新灯泡

续表

故障现象	产生原因	检修方法
灯泡点燃后忽亮忽灭	① 电源电压忽高、忽低、忽有、忽无 ② 受附近大型电力设备启动的影响 ③ 熔断器、开关、灯头、灯座等接触处有接触不良现象 ④ 灯泡在电压正常、无断续供电下自行熄灭，又自行点燃 ⑤ 灯泡遇瞬时断电再来电时，要熄灭一段时间后，才能自动重新点燃	① 检查电源 ② 可另选其他线路供电解决，也可将高压汞灯带的镇流器更换成稳压型镇流器 ③ 查找接触不良处，重新接线处理，并压紧固定螺钉 ④ 高压汞灯点燃一段后，无外界影响又自行熄灭，再自行点燃，一般出现在自镇流式汞灯灯泡上，属质量问题，严重时，应更换 ⑤ 高压汞灯在瞬间断电再来电时，约需5min才能燃亮，这种特性属正常现象

5.12 碘钨灯的安装与检修

5.12.1 碘钨灯的安装

碘钨灯是卤素灯的一种，靠升高灯丝温度来提高发光效率，是热体发光光源。它不仅具有白炽灯光色好、辨色率高的优点，而且还克服了白炽灯发光效率低、使用寿命短的缺点。其发光强度大、结构简单、装修方便，适用于照度大、悬挂高的车间、仓库及室外道路、桥梁和夜间施工工地。碘钨灯的接线如图5-61（a）所示。

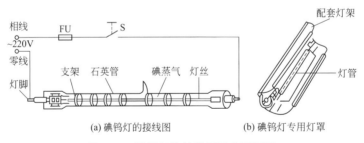

(a) 碘钨灯的接线图　　　　(b) 碘钨灯专用灯罩

图5-61　碘钨灯的接线图及专用灯罩

安装和使用碘钨灯时应注意以下事项。

① 碘钨灯必须配用与灯管规格相适应的专用铝质灯罩，如图5-61（b）所示。灯罩既可反射灯光，提高灯光利用率，又可散发灯管热量，使灯管保持最佳工作状态。由于灯罩温度较高，装于灯罩顶端的接线块必须是瓷质的，电源引线应采用耐热性能较好的橡胶绝缘软线，且不可贴在灯罩铝壳上，而应悬空布线。灯罩与可燃性建筑物的净距离不应小于1m。

② 碘钨灯安装时必须保持水平状态，水平线偏角应小于4°，否则会破坏碘钨循环，缩短灯管寿命。

③ 碘钨灯不可贴在砖墙上安装，以免散热不畅而影响灯管的寿命。装在室外，应有防雨措施。碘钨灯灯管工作时温度高达500～700℃，故其安装处近旁不可堆放易燃或其他怕

热物品，以防发生火灾。

④ 功率在1kW以上的碘钨灯，不可安装一般电灯开关，而应安装胶盖瓷底刀开关。

⑤ 碘钨灯安装地点要固定，不宜将它作移动光源使用。装设灯管时要小心取放，尤其要注意避免受振损坏。

⑥ 碘钨灯的安装点离地高度不应小于6m（指固定安装的），以免产生眩光。

5.12.2　碘钨灯的常见故障及检修方法

碘钨灯的常见故障及检修方法见表5-17。

表5-17　碘钨灯的常见故障及检修方法

故　障　现　象	产　生　原　因	检　修　方　法
通电后灯管不亮	① 电源线路有断路处 ② 保险丝熔断 ③ 灯脚与导线接触不良 ④ 开关有接触不良处 ⑤ 灯管损坏 ⑥ 因反复热胀冷缩使灯脚密封处松动，接触不良	① 检查供电线路，恢复供电 ② 更换同规格保险丝 ③ 重新接线 ④ 检修或更换开关 ⑤ 更换灯管 ⑥ 更换灯管
灯管使用寿命短	① 安装水平倾斜度过大 ② 电源电压波动较大 ③ 灯管质量差 ④ 灯管表面有油脂类物质	① 调整水平倾斜度，使其在4°以下 ② 加装交流稳压器 ③ 更换质量合格的灯管 ④ 断电后，将灯管表面擦拭干净

5.13　其他灯具的安装

5.13.1　节能灯

节能灯从结构上分为紧凑型自镇流式和紧凑型单端式（灯管内仅含启动器而无镇流器），从外形上分有双管型（单U型）、四管型（双U型）、六管型（三U型）及环管等几种类型。节能灯的寿命是普通白炽灯的10倍，功效是普通灯泡的5～8倍（一只7W的三基色节能灯亮度相当于一只45W的白炽灯），节能灯比普通白炽灯节电80%，发热也只有普通灯泡的1/5。节能灯比白炽灯节约能源并有利于环境保护。节能灯的外形如图5-62所示。

节能灯不易在调灯光及电子开关线路中使用，电压过高或过低会影响其正常使用寿命。

图5-62　节能灯

5.13.2 高压钠灯

高压钠灯是一种发光效率高、透雾能力强的电光源，广泛应用在道路、码头、广场、小区照明，其结构如图5-63所示。高压钠灯使用寿命长，光通量维持性能好，可在任意位置点燃，耐抗性能好，受环境温度变化影响小，适用于室外使用。

高压钠灯的工作电路如图5-64所示。接通电源后，电流通过镇流器、热电阻和双金属片常闭触头形成通路，此时放电管内无电流。经过一段时间，热电阻发热，使双金属片常闭触头断开，在断开的瞬间，镇流器产生3kV的脉冲电压，使管内氙气电离放电，温度升高，继而使汞变为蒸气状态。当管内温度进一步升高时，钠也变为蒸气状态，开始放电而放射出较强的可见光。高压钠灯在工作时，双金属片热继电器处于断开状态，电流只通过放电管。高压钠灯需与镇流器配合使用。

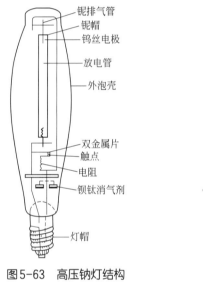

图5-63 高压钠灯结构

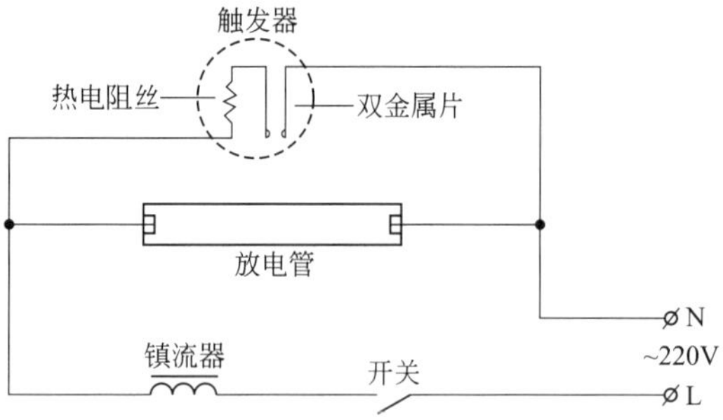

图5-64 高压钠灯工作电路

5.13.3 氙灯

氙灯是采用高压氙气放电的光源，显色性好、光效高、功率大，有"小太阳"之称，适用于大面积照明。管型氙灯外形及电路如图5-65所示。

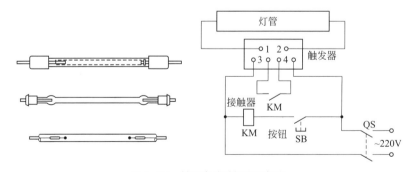

图5-65 管型氙灯外形及电路

氙灯可分为长弧氙灯和短弧氙灯两种，其功率大，耐低温也耐高温，耐振，但平均使用寿命短（500 ～ 1000h），价格较高。

氙灯在工作时辐射的紫外线较多，人不宜靠得太近，也不宜直接用眼去看正在发光的氙灯。

5.13.4 应急照明灯

应急照明灯如图5-66所示。应急照明灯宜设在墙面或顶棚上。下列场所应设置火灾应急照明灯具。

① 疏散楼梯（包括防烟楼梯间前室）、消防电梯及其前室。

② 消防控制室、自备电源室、配电室、消防水泵房、防排烟机房等。

③ 观众厅、宴会厅、重要的多功能厅及每层建筑面积超过1500m²的展览厅、营业厅等。

④ 建筑面积超过200m²的演播室、人员密集建筑面积超过300m²的地下室。

⑤ 通信机房、大型电子计算机房、BAS中央控制室等重要技术用房。

⑥ 人员密集的公共活动场所等。

⑦ 公共建筑内的疏散走道和居住建筑内长度超过20m的内走道。

图5-66 应急照明灯

5.13.5 疏散照明灯

疏散照明灯也称安全出口标志灯，如图5-67所示。

图5-67 疏散照明灯

疏散照明灯具的安装注意事项如下。

① 安全出口标志灯宜安装在疏散门口的上方，在首层的疏散楼梯应安装于楼梯口的里侧上方，安全出口标志灯距地高度应不低于2m。

② 疏散走道上的安全出口标志灯可明装，而厅室内应采用暗装。安全出口标志灯应有图形和文字符号，在有无障碍设计要求时，应同时设有音响指示信号。

③ 可调光型安全出口灯宜用于影剧院的观众厅。在正常情况下减光使用，火灾事故时应自动接通至全亮状态。

④ 疏散照明标志灯应设在安全出口的顶部、疏散走道及其转角处距地1m以下的墙面上。

⑤ 疏散照明标志灯位置的确定，应满足可容易找寻在疏散路线上的所有手动报警器、呼叫通信装置和灭火设备等设施。

⑥ 疏散照明灯具的图形尺寸为

$$b = \sqrt{2}\,L/100$$
$$l = 2.5b$$

式中　L ——最大视距，mm；

　　　b ——图形短边，mm；

　　　l ——图形长边，mm。

第6章

家装应用照明及自动控制经典电路

6.1 荧光灯接线电路

荧光灯大量应用于家庭以及公共场所等地方的照明，具有发光效率高、寿命长等优点。正确连接荧光灯电路，是荧光灯正常工作的前提。图6-1为荧光灯的一般接线图。荧光灯的工作原理是：当开关闭合，电源接通后，灯管尚未放电，电源电压通过灯丝全部加在启辉器内两个双金属触片上，使氖管中产生辉光放电发热，两触片接通，于是电流通过镇流器和灯管两端的灯丝，使灯丝加热并发射电子。此时由于氖管被双金属触片短路停止辉光放电，双金属触片也因温度降低而分开，在此瞬间，镇流器产生相当高的自感电动势，它和电源电压串联后加在灯管两端引起弧光放电，使荧光灯点亮。

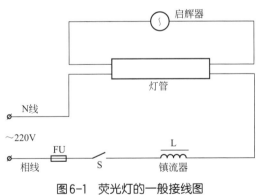

图6-1 荧光灯的一般接线图

6.2 双荧光灯的户外广告双灯管接法

双荧光灯接线电路如图6-2所示。一般在接线时尽可能减少外部接头。安装荧光灯时，镇流器、启辉器必须和电源电压、灯管功率相配合。这种电路一般用于厂矿和户外广告要求照明度较高的场所。

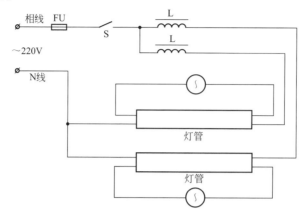

图6-2 双荧光灯的户外广告双灯管接法

6.3 荧光灯在低温低压情况下接入二极管启动的接线法

在温度或电压较低的情况下，荧光灯灯丝经多次冲击闪烁，仍不能启辉，将影响灯管使用寿命。如果改进接线电路，则可解决在低温低压下启动困难的问题。从图6-3中可看出，当把启动开关合上，交流电经整流后，变成脉动直流电，通过荧光灯灯丝的电流较大，容易使管内气体电离。另一方面，这种脉动的直流波形，使镇流器产生的瞬时自感电动势也较大。所以一般SB合上1～4s即断开，荧光灯随即启辉。SB可用电铃按钮，二极管可选用2CP3、2CP4、2CP6等。此法一般适用于功率较小的荧光灯，且由于启辉时电流较大，启动开关SB不要按得太久。

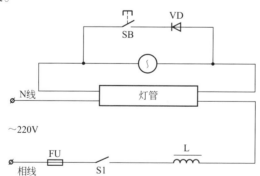

图6-3 荧光灯在低温低压情况下接入二极管启动的接线法

6.4 用直流电点燃荧光灯电路

图6-4所示为直流电点燃荧光灯电路，可用来直接点燃6～8W荧光灯。实际上它是由

一个三极管VT组成的共发射极间歇振荡器，通过变压器在次级感应出间歇高压振荡波，点燃荧光灯。

电路中的R1和R2为0.25W电阻，电容C可在$0.1 \sim 1\mu F$范围内选用，改变C的值，间歇振荡器的频率也会改变。变压器T的T1和T2为40匝，线径为0.35mm；T3为450匝，线径为0.21mm。

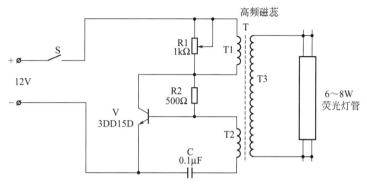

图6-4　用直流电点燃荧光灯电路

6.5　具有无功功率补偿的荧光灯电路

由于镇流器是一个电感性负载，它需要消耗一定的无功功率，致使整个荧光灯装置的功率因数降低，影响了供电设备能力的充分发挥，并且降低了用电地点的电压，对节约用电不利。为了提高功率因数，在使用荧光灯的地方，应在荧光灯的电源侧并联一个电容器，这样，镇流器所需的无功功率可由电容器提供，如图6-5所示。电容器容量的大小与荧光灯功率有关。荧光灯功率为$15 \sim 20W$时，选配电容容量为$2.5\mu F$；荧光灯功率为30W时，选配电容容量为$3.75\mu F$；荧光灯功率为40W时，选配电容容量为$4.75\mu F$。所选配的电容耐压均为400V。

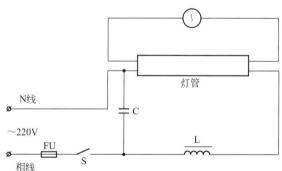

图6-5　具有无功功率补偿的荧光灯电路

6.6　荧光灯四线镇流器接法

四线镇流器有四根引线，分主、副线圈，主线圈的两引线和二线镇流器接法一样，串联在灯管与电源之间。副线圈的两引线，串联在启辉器与灯管之间，帮助启动用。由于副线圈匝数少，交流阻抗亦小，如果误把它接入电源主电路中，就会烧毁灯管和镇流器。所以，把镇流器接入电路前，必须看清接线说明，分清主、副线圈。也可用万用表测量检测，阻值大的为主线圈，阻值小的为副线圈。正确接线法如图6-6所示。

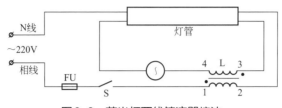

图6-6　荧光灯四线镇流器接法

6.7　荧光灯节能电子镇流器电路一

荧光灯节能电子镇流器电路如图6-7所示，它具有工作电压宽、低压易启动、工作时无蜂音、无闪烁、节能省电等特点。

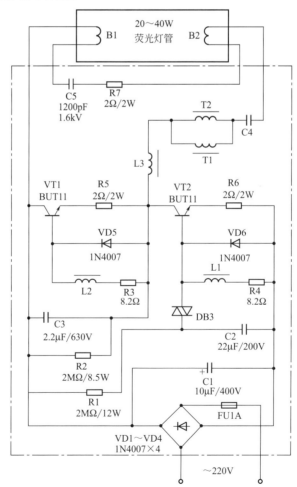

图6-7　荧光灯节能电子镇流器电路一

工作原理是由VD1～VD4、C1组成桥式整流滤波电路，把交流220V转换成300V左右的直流电，供振荡激励电路使用。R1、C2、双向触发二极管可构成触发起振电路，VT1、VT2及相应元件构成主振电路。在VT1、VT2截止时，自感扼流圈B1、B2产生高压，启动荧光灯管，C5、R7的作用是可消除因瞬间高压对荧光灯灯丝的冲击而形成的灯管两端早期老化发黑的现象，以延长灯管的使用寿命。

6.8 荧光灯节能电子镇流器电路二

图6-8所示是又一种形式的荧光灯节能电子镇流器电路。图中，VD1～VD4、C1、C2可构成桥式整流滤波电路，完成交流220V到直流300V的转换。R7、R6是起振电阻，为VT2提供起始导通偏置电压，从而激发VT1、VT2形成高频自激振荡。B1为高压产生自感扼流圈，C3、VD5、VD6、C7可组成软启动电路，使电路工作点的建立得以延时，使荧光灯管的灯丝预热时间延长，以利于灯管的迅速启动，延长其使用寿命。

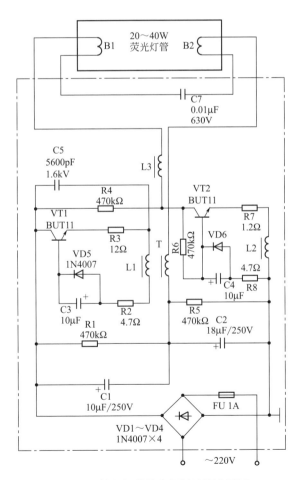

图6-8 荧光灯节能电子镇流器电路二

6.9　紧凑型12V直流供电的8W荧光灯电路

　　紧凑型12V直流供电的8W荧光灯电路如图6-9所示。该电路具有防止电源供电电压接反的电源供电极性保护电路（利用二极管VD实现），工作频率为20kHz。电路中的电阻R1的参数为270Ω、1W，电阻R2的参数为22Ω、1/4W，用于为功率振荡开关管VT提供上、下偏置电源，使电路能够可靠起振。变压器的W1绕组为正反馈绕组，W2为主绕组，电路通过W2绕组为功率振荡开关管供电。由于W1绕组的正反馈作用，在电路刚一加电期间，功率振荡管迅速饱和，有一个大电流通过绕组W2，使变压器T的磁芯磁饱和，但这时由于正反馈绕组W1的作用，功率振荡开关管的基极偏置电压下降，基极注入电流减小。同样由于正反馈绕组W1的作用，功率开关振荡管关断，如此周而复始，使电路振荡，变压器的W3、W4和W5绕组输出高频振荡电压，为荧光灯负载供电。

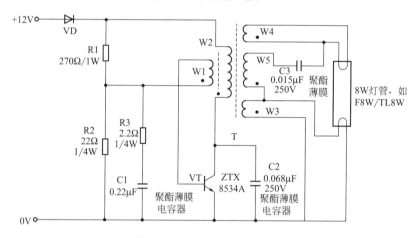

图6-9　紧凑型12V直流供电的8W荧光灯电路

6.10　探照灯、红外线灯、碘钨灯、钠灯接线电路

　　探照灯适用于铁路、建筑工地及远距离照明。探照灯只要它的额定电压和电源电压一致，即可直接并接在电源上，如图6-10（a）所示。

　　红外线灯主要应用于医疗化工等方面，其接线电路同上。

　　碘钨灯具有体积小、使用时间长、光线好、光效高等优点，灯管两端的接线柱也同样是直接与电源相连接。

　　另外，自镇流高压汞灯、工厂安全型照明灯、普通反射型灯、白炽灯都可按图6-10（a）接线。

　　钠灯多用于路灯照明，它分低压和高压两种，一盏90W的低压钠灯相当于一盏250W的高压汞灯的亮度，故广泛用于道路、车站、广场等场所。图6-10（b）所示为一般高压钠灯接线电路，高压钠灯EL为启动热控开关，镇流器L产生脉冲高压，将EL内部击穿放电，在启动结束后，热控开关靠放电管高温，保持继续断开。图6-10（c）所示为高压钠灯电子启动接线线路。

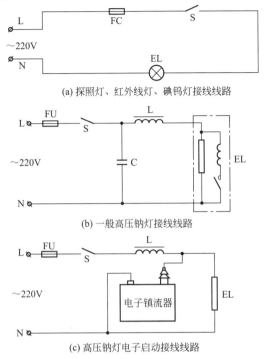

(a) 探照灯、红外线灯、碘钨灯接线线路

(b) 一般高压钠灯接线线路

(c) 高压钠灯电子启动接线线路

图6-10 探照灯、红外线灯、碘钨灯、钠灯接线电路

6.11 紫外线杀菌灯接线电路

紫外线杀菌灯适用于医学、制药工业方面，灯与电源接线如图6-11所示。紫外线杀菌灯必须配接符合配套要求的专用漏磁变压器。

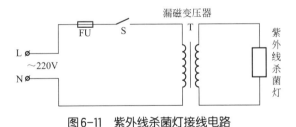

图6-11 紫外线杀菌灯接线电路

6.12 高压汞灯接线电路

高压汞灯具有节省电能、发光效率较高、寿命较长、安装电路简单、外形美观等优点，故得到广泛应用。安装电路如图6-12所示。

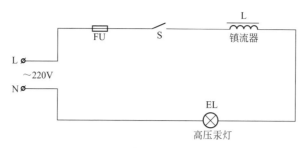

图6-12　高压汞灯接线电路

使用高压汞灯应注意以下几点。

① 电源波动不宜过大，如果使用中电源电压中途降落5%，有可能造成灯泡熄灭，熄灭后也不能及时重燃。

② 灯泡与镇流器要配套使用。高压汞灯座额定功率必须足够大，以防止灯泡热量过高而烧坏灯座。另外，反射型高压汞灯、反射型黑光高压汞灯也均可按图6-12接线。

6.13　管形氙灯接线电路

图6-13所示是管形氙灯接线电路。1为高压输出端，应注意绝缘。触发控制端在触发时电流很大，需配上一个CDC10-20接触器。启动时按下按钮SB，灯管即可点燃，电路中的3接相线，4接中性线，1、2接灯管两端。

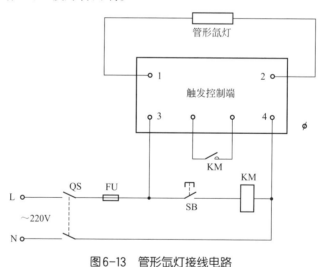

图6-13　管形氙灯接线电路

6.14　白炽灯接线电路

白炽灯的接线安装要做到安全、经济、美观、合理，并且便于维修。白炽灯一般选用一只单联开关控制一盏灯电路，也是一种最简单、最常用的方法。开关S应安装在相线上，开关以及灯头的功率不能小于所安装灯泡的额定功率。螺口灯头接线，灯头中心应接相线。照明灯安装在露天场所时，要用防水灯座和灯罩，并且还应考虑灯泡的额定电压符合电源电压的要求，N线不允许串接熔断器。接线如图6-14所示。

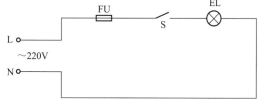

图6-14　白炽灯接线电路

6.15　用两个双联开关在两地控制一盏灯电路

有时为了方便控制照明灯，需要在两地控制一盏灯。例如楼梯上使用的照明灯，要求在楼上、楼下都能控制其亮灭。它需要用两根连线，把两个开关连接起来，这样可方便地控制灯的亮灭。这种连接方法也广泛应用于家庭装修控制照明灯中，接线方法如图6-15（a）所示。另一种电路可在两开关之间节省一根导线，同样能达到两个开关控制一盏灯的效果，这很适用于两开关较远的场所中，但缺点是电路由于串接了整流管，灯泡的亮度会降低些，一般可应用于亮度要求不高的场所，如图6-15（b）所示。

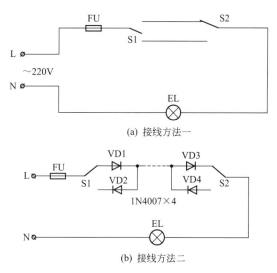

(a) 接线方法一

(b) 接线方法二

图6-15　用两个双联开关在两地控制一盏灯电路

6.16　用三个开关控制一盏灯电路

在日常生活中，经常需要用两个或多个开关来控制一盏灯，如楼梯上有一盏灯，要求上、下楼梯口处各安装一个开关，使人员上、下楼时都能开灯或关灯。这就需要一灯多控。

图6-16所示是三个开关控制一盏灯电路。开关S1和S3用单刀双掷开关，而S2用双刀双掷开关。S1、S2、S3三个开关中的任何一个都可以独立地控制电路通断。

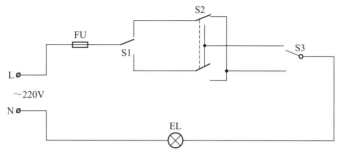

图6-16　用三个开关控制一盏灯电路

6.17　将两个110V灯泡接在220V电源上使用的电路

　　某些地区用的电源电压为110V，而目前我国绝大多数地区所用的电源电压为220V，按图6-17所示接线方法可将两个110V的灯泡接在220V电源上使用，接线方法为串联法。注意：两个110V的灯泡功率必须相同，否则，灯泡功率比较小的一个将极易烧坏。用这种方法，可以充分利用现有设备在不同场合中变换合理使用，利用起来也很方便。

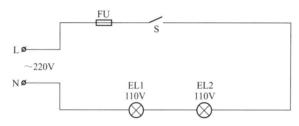

图6-17　将两个110V灯泡接在220V电源上使用的电路

6.18　低压小灯泡在220V电源上使用的电路

　　一般低压小灯泡接入220V交流电源时需要一个变压器，这样体积增大，价格也高。如将低压灯泡和一个容量合适的电容串联后，就可直接接入220V电源上，如图6-18所示。这种方法简便易行，应用安装体积也较小。例如在车床上安装指示灯时可采用。

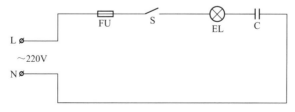

图6-18　低压小灯泡在220V电源上使用的电路

串联的电容器起降压作用，其容量要适当，过大会烧坏灯泡，过小则灯光太暗，可根据实验而定。它的估算公式为

$$C = 15I(\mu F)$$

式中，I为低压灯泡的额定电流（A）。另外，电容的耐压值要大于300V。低压灯泡的这种使用方法应特别注意绝缘保护，以防触电。

6.19 延长白炽灯寿命常用技巧电路

在楼梯、走廊、厕所等场所使用的照明灯，照明度要求不高，但由于夜晚电压升高或在点燃瞬间受大电流冲击的影响，很容易烧坏灯泡。因此需要经常更换，一来造成浪费，其二使电工工作量增大，使电工人员感到很头痛。目前很多地方都采用一种延长寿命的简便的方法，那就是将两盏功率相同、耐压均为220V的白炽灯相串联，一起连接在电压为220V的电源回路里，如图6-19所示。这种方法简便易行，故被广泛应用。因为每个灯泡的电压降低了，故发光效率也降低了。此电路一般用于要求照明度不高的场所。

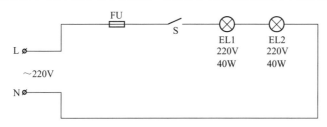

图6-19　延长白炽灯寿命常用技巧电路

6.20 用二极管延长白炽灯寿命的电路

在楼梯、走廊、厕所等照明亮度要求不高的场所，可采用这个方法延长灯泡寿命，即在拉线开关内加装一只耐压大于400V、电流为1A的整流管。

它的工作原理是：220V交流电源通过半波整流使灯泡只有半个周期中有电流通过，从而达到延长白炽灯寿命的目的，但灯泡亮度会降低些。此方法也有很好的应用价值，如图6-20所示。

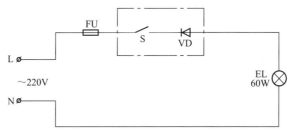

图6-20　用二极管延长白炽灯寿命的电路

6.21　简易调光灯电路

图6-21所示是一种简易调光灯电路，光线的调节由多挡开关S控制。当S拨到"1"时灯灭；当S拨到"2"时，灯因与电容连接发出微光；当S拨到"3"时，电源经二极管半波整流给灯泡供电，灯泡亮度约为平时的一半；当S拨到"4"时，灯泡在额定电压下工作，亮度最高。

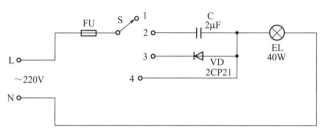

图6-21　简易调光灯电路

6.22　简单的晶闸管调光灯电路

图6-22所示是一种简单的晶闸管调光灯电路。将电路中电位器RP的阻值调小时，晶闸管导通角增大，灯光亮度增强；阻值调大时，晶闸管的导通角减小，灯光亮度减弱。它还可用于电热器加热温度的调节。

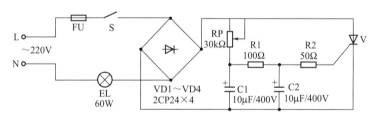

图6-22　简单的晶闸管调光灯电路

6.23　用555集成电路组成的光控灯电路

用555集成电路组成的光控灯电路如图6-23所示，它可用在需要电灯自动点亮和熄灭的任意场合。

图中，555时基电路IC与光敏电阻RG、可调电阻器RP等组成滞后比较器。当白天光线照射光敏电阻RG时，其阻值变小、IC的②、⑥脚升至2/3 V_{DD}电压时，③脚输出低电平，继电器K无电不动作，其常开触点断开灯泡电源，灯泡不亮；入夜无光线照射光敏电阻RG时，其阻值变大，IC的②、⑥脚电压降至1/3 V_{DD}电源电压时，③脚输出高电平，继电器K得电动作，其常开触点闭合，接通灯泡电源，灯泡点亮。元器件中K为12V直流继电器，可选HG4085；RG为光敏电阻，选MG-41或MG-24，其亮阻小于10kΩ，暗阻大于100kΩ。

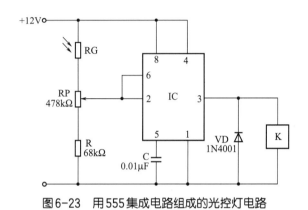

图6-23 用555集成电路组成的光控灯电路

6.24 无级调光台灯电路

自制一台小型晶闸管调光器，可根据工作、学习等需要，随意调整台灯的亮度，不但能为人们在工作或家庭生活中带来方便，而且还可达到节电目的。

工作原理如图6-24所示。R1、RP、C、R2和V组成移相触发电路，在交流电压的某半周，220V交流电源经RP、R1向C充电，电容C两端电压上升。当C两端电压升高到大于双向触发二极管VD的阻断值时，VD和双向晶闸管V才相继导通，然后，V在交流电压零点时截止。V的触发角由RP、R、C的乘积决定，调节电位器RP便可改变V的触发角，从而改变负载电流的大小，即改变灯泡两端电压，起到随意调光的作用。

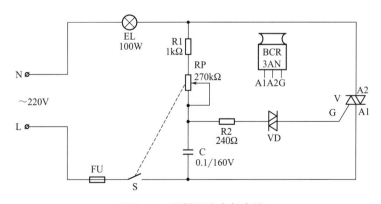

图6-24 无级调光台灯电路

本电路可将电压由0V调整到220V。晶闸管调光，具有调光范围大、体积小、电路简单易制作等优点。整机可安装在一个很小的盒内或者安装在台灯底座下。电位器RP可选用带开关的中型电位器，电位器上的开关可作台灯开关用。晶闸管V应选用3A、400V以上型号，台灯灯泡选用60～100W的白炽灯。

6.25　路灯光电控制电路

这是一种简单的光控开关电路，工作原理如图6-25所示。当晚上（照度低）时，光敏电阻GR的电阻增大，VT1的基极电流减小直至截止，于是VT2也截止。VT2的集电极电压上升使VT3导通，继电器KA吸合，点亮路灯。早上天刚亮（照度高），GR的阻值减小，使VT1导通，于是与上述过程相反，关闭路灯。继电器KA为JRX-13F型。

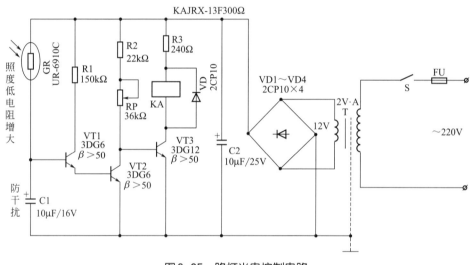

图6-25　路灯光电控制电路

电源变压器采用次级输出为12V的小型电源变压器，功率约2V·A即可。桥式整流器采用2CP10型整流管。

6.26　光控路灯电路

JCG-KS是一个固态继电器和一个光敏电阻RH组成的路灯自动控制器。由于固态继电器的固有特性，照明灯泡能随着自然光线的亮暗逐渐点亮，电路如图6-26（a）所示。

JCG-KS固态继电器具有通断速度快、寿命长等特性。当白天光敏电阻RH受到自然光线照射呈低电阻时，JCG-KS输出端⑤、⑥脚相当于开路，路灯EL1～ELn不亮。黄昏，由于天色变暗，RH阻值逐渐增大，当到达某一定阻值时，JCG-KS迅速导通，但由于自然光线是逐渐变暗的，一旦自然光很暗时，RH呈高阻值，JCG-KS全导通，路灯也就全亮了。

元器件选择：RH选用亮阻≤1kΩ、暗阻≥1MΩ的硫化镉光敏电阻器；JCG-KS可根据所接灯泡多少及功率大小来选择。

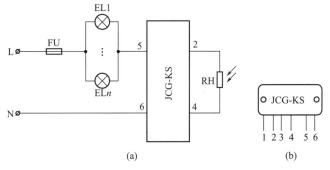

图6-26　光控路灯电路

6.27　照明灯自动延时关灯电路

在走廊、门厅或楼梯口的照明灯开关旁边，常见到贴有"人走灯灭"或"随手关灯"字样的提示纸条，可实际上很难真正做到人走灯灭，常常还是照明灯彻夜长明，既费了电，又缩短了灯泡寿命。如图6-27所示的电路，可以有效地实现"人走灯灭"。

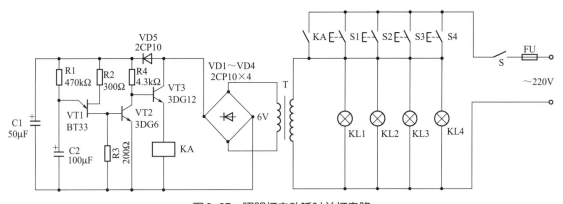

图6-27　照明灯自动延时关灯电路

电路中的S1、S2、S3、S4分别是设在四层楼楼梯上的开关，EL1、EL2、EL3、EL4四盏灯分别装在四层楼的楼梯上。当人走进走廊里后，按下任何一个按钮开关，四盏照明灯全部接通电源发光，照明一段时间，待人走进房间后，照明灯就会自动熄灭。

电路中的继电器选用JRX-13F小型灵敏继电器，EL1～EL4灯泡选用15W为宜，调R1可改变延时时间。

6.28　楼房走廊照明灯自动延时关灯电路

图6-28所示为楼房走廊照明灯自动延时关灯电路。当人走进楼房走廊时，按下任何一

个按钮，KT失电延时时间继电器吸合，使KT延时断开触点闭合，照明灯点亮。然后行人开始行走，待人走到室内后，失电延时断开的常开触点经过一段时间后打开，使走廊的灯自动熄灭。

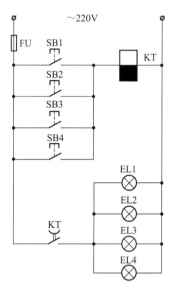

图6-28　楼房走廊照明灯自动延时关灯电路

电路中的延时继电器选用JS7-4A断电延时时间继电器。线圈电压为220V。这种延时时间继电器在线圈得电后动作，使KT吸合，然后在线圈失电后延迟一段时间后才断开，此方法简单易行，非常方便。

6.29　人体感应延时灯光控制电路

电路如图6-29所示。当有人进入控制区时，白炽灯会自然点亮；而当人走过或在控制区内静止不动时，它会延时一段时间自动关灯。但是，只要人在被控制的范围内活动，灯就会给人照明。这种装置还设有光控电路，在室内可见度较好的环境下，尽管人来人往，由它控制的灯不会点亮。

三极管VT1、L1、L2、C1及R1～R4等组成近微波段自激振荡电路，其振荡频率在700～1000MHz范围内可调，由微调电容器C1设定。所产生的电磁波由L1发射到周围空间，其辐射面积在50～80m^2，且无方向性。当有人在该范围内活动时，根据电磁波的多普勒效应，人体的反射波将通过L1接收到，使VT1的振荡频率和幅度产生变化，电容器C2正端的电位发生波动。电位波动的频率与人体活动快慢有关，而幅度与人体至L1的距离有关。该波动电位信号经电解电容器C2和电阻R5耦合到运算放大器N1A的反相输入端②脚进行高增益放大。为了使N1A输出幅度变化最大，其同相输入端③脚的偏置电压设定在直流电源电压的一半处，即+6V左右。也就是说，适当地选取R7、R17、R12等的电阻值，使N1A静态时输出端①脚电位为6V。当有人在灯下被监控范围内活动时，N1A输出端①脚电位就会在6V左右变化。这个变化的电信号通过C5、R8微分，送到N1B进行比较放大，这时N1B的输出端将在0～+10V之间大幅度变化，再送入比较器N1C进行比较。当N1C的反相输入端电压高于同相输入端电压时，N1D的输出立刻由高电位转化为低电位，二极管VD2导通，使N1D的反相输入端电位低于同相输入端电位，N1D输出端⑦脚呈高电位，通过R15触发双向晶闸管V导通，白炽灯泡EL点亮。

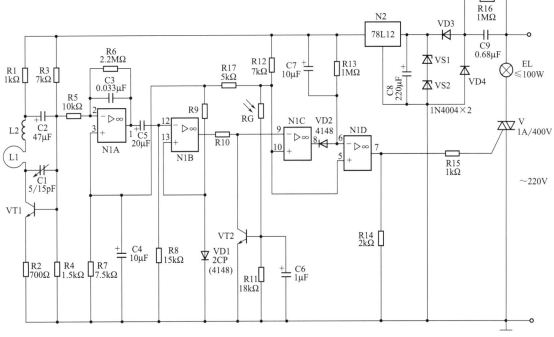

图6-29　人体感应延时灯光控制电路

6.30　晶闸管自动延时照明开关电路

工作原理如图6-30所示。二极管VD2～VD5组成电桥，其中一条对角线上的两个接点接晶闸管V；另一条对角线上的两个接点引出，接在原来的照明开关的接线头上。当SB闭合时，在交流电源的一个半周时间，晶闸管V导通，使电桥的对角线短接，因而照明灯亮；当SB打开时，电容C经R1、VD1向晶闸管控制极放电，使得通过晶闸管控制极的电流继续保持，这样照明灯在电容放电的一段时间内延时点亮，然后熄灭。

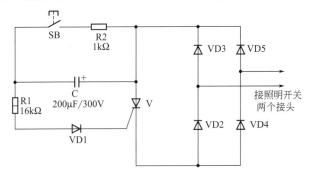

图6-30　晶闸管自动延时照明开关电路

在装此电路时，若按下SB照明灯不亮，可重新选择电阻R1的阻值。电路中晶闸管与二极管的型号由负载电流大小决定。

6.31　门控自动灯电路

门控自动灯电路由门控开关、延时电路、光控电路、电源电路和双向晶闸管V等组成，如图6-31所示。在夜间打开门时，自动点亮门厅或走廊的照明灯，过一段时间后又自动熄灭。而白天开门时，照明灯则不亮。

在白天，光敏电阻器RG受自然光线照射而呈低阻状态，VT3导通，此时不管门是否打开，VT1的基极均为低电平，VT1和VT2均截止，V也处于截止状态，照明灯EL不亮。在夜间，RG因无光照射而阻值增大，使VT3截止。由于门是关闭的，干簧管内部的触点开关处于接通状态，故VT1的基极仍为低电平，VT1、VT2和V均截止，EL不亮。当门被打开时，干簧管内部的触点开关断开，VT1因基极变为高电平而导通，使VT2和V均导通，照明灯EL点亮。

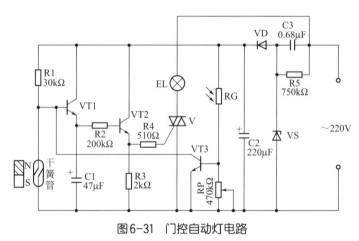

图6-31　门控自动灯电路

VT1～VT3均选用电流放大倍数大于100的硅NPN型三极管，例如S9013、S8050等型号。VD选用1N4007硅整流二极管。VS选用1W、12V硅稳压二极管，例如1N4142型号。V选用1A、400V以上的双向晶闸管，例如MAC94A4或MAC97A6等型号。RG选用MG45系列光敏电阻器，RP选用小型膜式电位器。C1、C2均选用耐压值为25V的电解电容器。C3选用CBB无感电容器。

6.32　广告创意16功能彩灯控制电路

该电路以集成电路SH805为核心，能提供16种花样的光控功能，电路简单，控制方便，功能新颖齐全，可广泛用于节日喜庆娱乐场所、广告牌及各种灯光装饰。

电路如图6-32所示。电源电压经VD1 ～ VD4桥式整流、R1降压、VS稳压、C滤波，为SH805提供4.5V工作电压。R2将220V交流电降压，为SH805提供同步信号。R3为SH805的振荡电阻。输出部分采用MCR100-6型小型塑料单向晶闸管，负载可接节日灯串（4路140头彩灯），塑料霓虹灯带8 ～ 12m或发光二极管（串联相接）若干。SB为功能设定按钮，每按一下，IC就改变其当前的功能，转换到下一段功能，并予以锁定。16种功能如下：

（1）依次亮，同时灭；

（2）四灯渐亮渐暗；

（3）四点追逐，自动变速；

（4）全亮，间隔灯光；

（5）16段功能大轮流；

（6）逐个亮，依次灭；

（7）星星闪烁，跑马式自动变化；

（8）四灯大闪烁；

（9）两灯一组，交替闪烁；

（10）逐个点亮，群灯慢灭；

（11）全亮；

（12）倒顺流水，波浪式前进后退；

（13）星星闪亮；

（14）按AB→BC→CD→DA倒顺流水，自动变化；

（15）跑马式前进后退，星星闪亮自动变化；

（16）相邻两灯一亮一暗，依次向前。

以上16种功能程序，每种程序重复3 ～ 4次，并用2 ～ 3种速度自动渐次交换，可产生绚丽多姿、光彩迷人的效果。

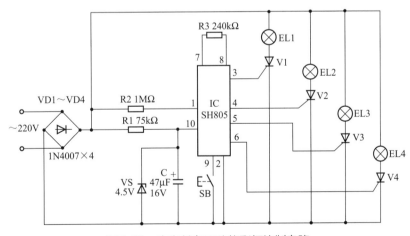

图6-32　广告创意16功能彩灯控制电路

制作时，VD1 ～ VD4采用1N4007，VS用4.5V稳压管，IC用彩灯专用集成电路SH805，V1 ～ V4用MCR100-6或PCR406单向晶闸管，C用47μF/16V电解电容器，R1用75kΩ 1/8W，R2用1MΩ 1/8W，R3用240kΩ 1/8W。SH805的主要特性如下：

① 工作电压最小2.4V，最大5.5V，典型4.5V；

② 正常工作电流2mA，每路输出触发电流300mA；

③ 有四路输出；

④ 可用按键对16种功能进行选择、转换并予以锁定。

6.33 彩灯控制集成电路BH9201电路

BH9201是一种低功耗并采用CMOS工艺制造的彩灯控制专用集成电路。其内部由振荡器、分频器、输出驱动等电路组成，可直接驱动晶闸管，从而控制彩灯呈现"跳跃"、"流水"、"全亮"三种状态。应用电路如图6-33所示。②脚、③脚是内部振荡器的输入端，外接振荡电阻RP、振荡电容C2；⑤脚、⑥脚、⑦脚、⑧脚为振荡器的输出端；④脚为供电端。

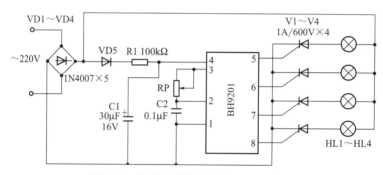

图6-33　彩灯控制集成电路BH9201电路

6.34 声控音乐彩灯电路

声控音乐彩灯电路如图6-34所示。这种电路的特点是：电路简单，元器件少，不用调试，成本低，灵敏可靠。

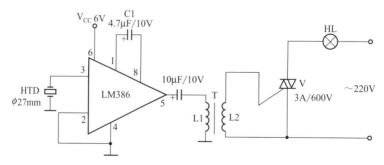

图6-34　声控音乐彩灯电路

音频变压器T，取自低放电路为变压器耦合方式的收音机，采用功放输出变压器，这里的初、次级正好与功放电路中相反，原扬声器一端在这里作为初级，变压器在这里起升压作用，将IC放大的音频信号进一步升压后以推动双向晶闸管，同时还起隔离作用，防止220V交流电对前级电路的影响。制作时，最好将变压器重新改造，再在初、次级之间加强绝缘，以利安全。初级L1用0.15mm的漆包线绕400匝，次级L2用0.1mm的漆包线绕1200匝。初、次级间的绝缘用多层牛皮纸。

6.35　追逐式彩灯电路

本例是一种跳跃感特别强的新颖彩灯，其控制闪亮顺序采取1→3→2→4的跳马追逐方式。电路如图6-35所示。

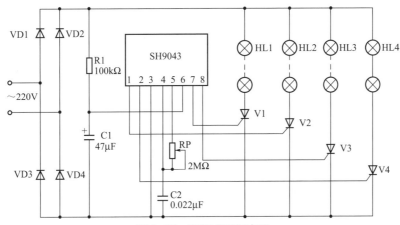

图6-35　追逐式彩灯电路

二极管VD1 ～ VD4组成桥式整流电路，输出全波整流电压作为4路彩灯的电源，同时通过限流电阻R1并经电容C1滤波后作为集成电路SH9043的电源。电位器RP和电容C2是SH9043的外接电阻和电容，调节RP可以调节芯片内部振荡器的振荡频率，从而改变4路彩灯跳马追逐速率，闪光频率可以在1 ～ 200Hz之间变化。集成电路的①脚、②脚、⑦脚、⑧脚分别与晶闸管V2、V4、V1、V3的控制极相接。4路输出信号用来控制晶闸管的导通与否，从而使得串接在晶闸管阳极回路中的灯串HL1 ～ HL4闪亮。

制作时，集成电路用SH9043，VD1 ～ VD4用1N4004型二极管，V1 ～ V4用2N6565型单向晶闸管。R1用RTX-2W型炭膜电阻器，RP用WH5型合成炭膜电位器；C1用CD11-10V型普通电解电容器，C2可用CT1型瓷介电容器；HL1 ～ HL4用功率小于100W的市售彩灯串，也可用60个3.8V的小电珠串联而成。

6.36　简易光控路障灯电路

图6-36所示是一种光控路障标志灯电路。将路障灯安装在有路障（例如正在施工）的

地方，白天它不亮；当夜幕降临时，该灯能自动开灯闪闪发光，提醒行人及车辆注意安全。

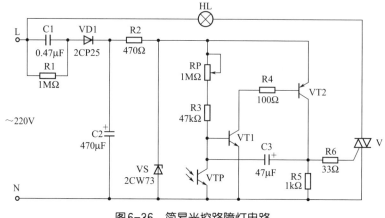

图6-36　简易光控路障灯电路

图中，C1、C2、VD1组成电容降压式半波整流滤波电路。R2和VS稳压二极管组成稳压电路。VTP是光敏三极管，它与VT1、VT2组成互补多谐振荡器。在白天，VTP呈现低阻状态，VT1截止，VT2不导通，V也呈截止状态，灯泡HL不亮。入夜，VTP无光照射呈高阻状态，VT1基极电位升高。当VT1基极电位升到0.7V左右时，电路起振，VT2集电极输出脉冲信号触发晶闸管V导通，灯泡HL闪闪发光。改变C3的容量可以改变闪光频率。调节RP可以调节电路在某种光照强度下起振。

6.37　自动调光灯电路

本调光灯可以根据周围其他灯光的亮暗程度自己调节亮度。其他灯足够亮时，它不亮；其他灯偏暗时，它自动点亮，别的灯光越暗，它就越亮。它适于作歌舞厅的自动补光灯，也适于照相、摄像时用。电路如图6-37所示。

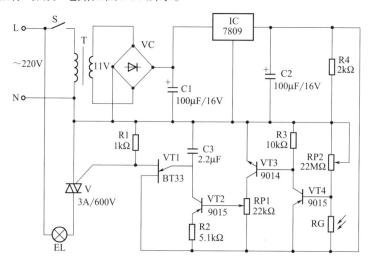

图6-37　自动调光灯电路

图中，RG是光敏电阻，它与RP2分压后控制光的强弱。当由VT2集电极向C3上的充电电压达到一定数值时，VT1导通，双向晶闸管获得触发而导通，调光灯EL点亮。当周围其他灯光较暗时，VT4导通，VT2对C3充电电流增大，晶闸管触发导通角增大，EL亮度增大；当其他灯光较亮时，C3充电较慢，EL亮度减小；当周围光线达到设定的亮度要求后，由RP2设定数值，使C3没有充电电流，双向晶闸管截止，EL不亮。

6.38 节日彩灯——满天星霓虹灯电路

如图6-38所示，电路主要由CD4060及外围元件组成。CD4060是一种带有振荡器的14级计数器，用其输出端控制晶闸管导通，使各组灯串发光。由于CD4060输出方式是二进制状态，所以很难看出灯串的发光变化规律，从而好似满天星星。

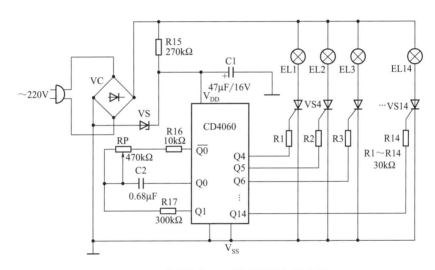

图6-38　节日彩灯——满天星霓虹灯电路

6.39 鸟鸣彩灯串电路

鸟鸣彩灯串电路能将灯串间歇点亮和熄灭，并且在彩灯点亮时，它还能发出悦耳的鸟叫声，电路如图6-39所示。彩灯串由20个彩色小电珠串联组成，其中有一个灯泡是"跳泡"，它内部有一组由双金属片构成的常闭触点，利用热胀冷缩的道理使触点不断地接通与断开，控制彩灯串间歇发光和熄灭。

鸟鸣发生器是一个间歇振荡器，振荡频率主要由L、C3的值决定。

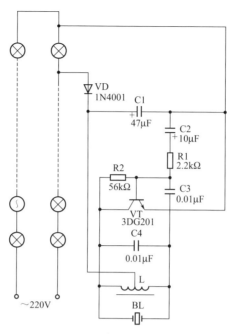

图6-39　鸟鸣彩灯串电路

6.40　声控音乐彩灯电路

　　声控音乐彩灯电路由交-直流变换电路、压控振荡电路和负载驱动电路等组成。交-直流变换电路包括电阻器R1、电容器C1、桥式整流器VD1～VD4、滤波电容器C2以及稳压二极管VS等。压控振荡电路包括集成电路LC182，电阻器R2～R5，静态继电器中的发光二极管，电容器C3、C4以及电位器RP等。负载驱动电路包括交流静态继电器KE1～KE4以及彩灯H1～H8等。声控音乐彩灯电路如图6-40所示。

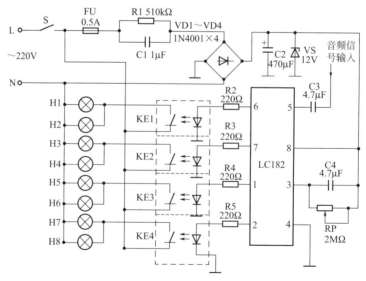

图6-40　声控音乐彩灯电路

输入的220V交流电压经阻容元件（R1、C1）降压后，送给桥式整流器VD1～VD4整流，再经电容器C2滤波以及VS稳压后，为LC182提供直流工作电压。集成电路LC182得电，压控振荡器起振，通过脉冲分配电路输出信号，分别触发场效应管，使A、B、C、D端依次出现高电平，轮流控制静态继电器KE1～KE4的通断，实现H1～H8的点亮与熄灭。彩灯的循环速率取决于压控振荡器的振荡频率，改变集成电路③脚的外接电位器和电容器的值，就可以改变压控振荡器的振荡频率。同时，也可以通过改变整流放大器输入端输入音频信号的强弱，调制压控振荡器的工作频率，实现声控彩灯的目的。其方法是：将音响设备输出的音频信号经电容器C3送入LC182的⑤脚，开启音响设备后，彩灯将随音响设备的输出按音乐节奏闪亮。

6.41　简易流动闪光灯电路

图6-41所示是一种利用电容充放电来延时控制继电器吸合的闪光灯电路。工作原理是：当按下按钮开关SB时，电容C1充电，继电器KA1吸合，触点KA1-2接通，所连灯组点亮，同时触点KA1-1将电容C2接通电源，电容C2充电。当放开SB后，由于C1放电，KA1仍保持吸合。过一段时间后，继电器KA1触点释放，电容C2对KA2放电，致使KA2吸合，其触点KA2-2接通，所连灯组点亮，同时触点KA2-1将电容C3接通电源，经过一段时间后，KA2释放。电容C3又通过KA2-1触点对KA3放电，使KA3吸合，触点KA3-2接通，所连灯组点亮，同时触点KA3-1又将电容C1接通电源，使C1充电。以下过程相同。这样继电器依次接通、释放，灯泡依次点亮、熄灭，就成了一种简易流动闪光灯效果。

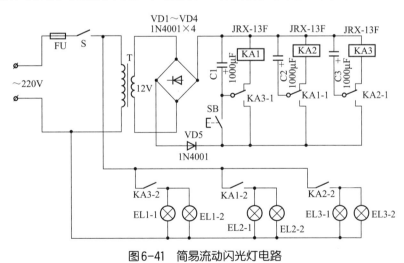

图6-41　简易流动闪光灯电路

6.42　大功率"流水式"广告彩灯控制电路

大功率"流水式"广告彩灯，可以在商场、剧院、舞厅或其他建筑物上使用，使夜景显得很美，特别是在节日里用于广告时，更增加了节日的欢乐气氛。

这里介绍一种元件少、功率大，可同时点亮60盏25W彩灯的电路。灯光呈追逐式跳动闪光。电路如图6-42所示，V1、V2、V3组成相同的三个单元电路。当接通电源后，电源通过VD1、EL1、R1对C1充电，使A点电位升高。同理，B、C点电位也逐渐升高。由于电子元件性能的差别，某一组双向晶闸管会首先触发导通，如C点电位升高使V1首先触发导通，EL1灯亮，电容C3经电阻R6向V1放电，C点电位下降，而电容C1继续充电，A点电位升高，一段时间后，V2导通，EL2灯亮，V1截止。这时电容C1经R2向V2放电，A点电位下降，而C2继续充电，B点电位升高，一段时间后，V3导通，EL3灯亮，V2截止。以下过程相同。这样，灯泡按次序轮流发光，产生"流水式"广告彩灯效果。

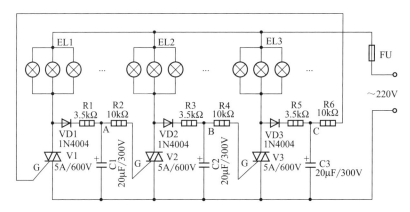

图6-42　大功率"流水式"广告彩灯控制电路

若灯泡亮灭时间不符合追逐要求，可适当调整C1 ~ C3容量。

6.43　KG316T、KG316T-R微电脑时控开关接线电路

KG316T、KG316T-R微电脑时控开关如图6-43（a）所示，它的接线非常简单，左边两端子接电源，右边两端子接负载，若负载功率超过6kW时，可外接一个交流接触器进行控制。它设置简单、方便、分10次接通和分断，时间可任意调整，也可按星期等方式进行设置。

直接控制方式的接线，被控制的电器是单相供电，功耗不超过本开关的额定容量（阻性负载25A），可采用直接控制方式，接线方法如图6-43（b）所示。单相扩容方式的接线，被控制的电器是单相供电，但功耗超过本开关的额定容量（阻性负载25A），那么就需要一个容量超过该电器功耗的交流接触器来扩容，接线方法如图6-43（c）所示。三相工作方式的接线，被控制的电器三相供电，需要外接三相交流接触器。控制接触器的线圈电压为AC220V、50Hz的接线方法如图6-43（d）所示。控制接触器的线圈电压为AC380V、50Hz的接线方法如图6-43（e）所示。

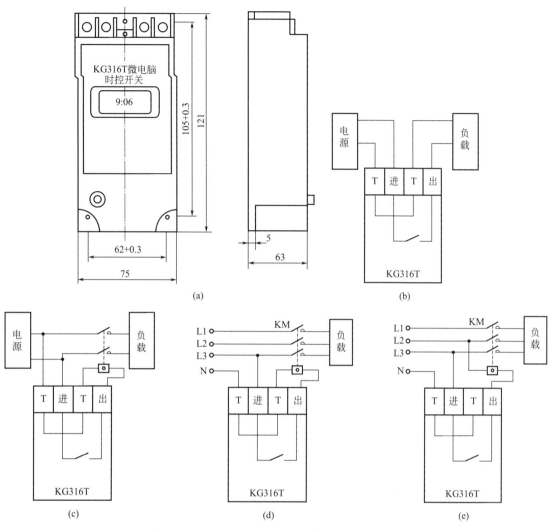

图6-43　KG316T、KG316T-R微电脑时控开关电路

6.44　氖泡微光灯电路

　　用氖泡作夜间微光照明，具有省电的显著特点，应用于室内晚上辅助调光。图6-44是氖泡微光灯电路。当电源开关S闭合时，普通照明灯EL亮，室内得到正常采光照明。当S断开时，灯泡EL熄灭，氖灯Ne1、Ne2、Ne3亮，发出红光，供室内微光照明。应用时，氖灯可利用荧光灯启辉器内的氖泡，电阻用100kΩ（1/8W）即可。

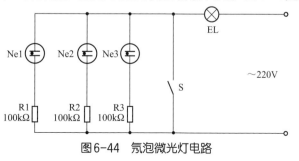

图6-44　氖泡微光灯电路

6.45 霓虹灯供电电路

霓虹灯是一种高电压气体放电灯，在灯管的两端施以高压，高压使管内的气体电离，进而发出彩色的辉光。其工作电压为6000 ～ 15000V，由特殊的专用变压器供给。这种变压器是一种漏磁变压器，特点是短路电流很小，不会因次级短路而烧毁变压器。常用的霓虹灯变压器容量为450V·A，初级输入电压为220V、电流为2A，次级电压为15000V、电流

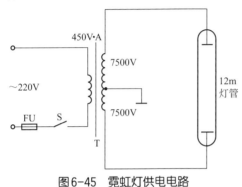

图6-45　霓虹灯供电电路

为2mA，次级短路电流为30mA，能点亮长为12m、管径为12mm的霓虹灯管。常用的霓虹灯管外径在φ11 ～ 15mm之间，灯管用玻璃制造，管内抽成真空后，再充入少量的惰性气体和少量的汞气。充入的惰性气体不同，发出的光色也不同。为了得到更多绚丽的彩色光，往往将灯管内壁涂以各种颜色的荧光粉或各种透明色。

霓虹灯供电电路如图6-45所示。为了节能，也可以采用交流电整流高频逆变高压供电。

6.46 霓虹灯闪光电路

各种各样的霓虹灯增加了闪烁效果，还常常加有霓虹灯高压转动机和低压滚筒。高压转动机大致由线圈感应板、主轴、接触片和固定触点组成。当线圈通电后，产生磁感应带动感应板，从而带动接触片转动，依次接通各个放电灯管，使灯管按顺序明暗变化，如图6-46（a）所示。

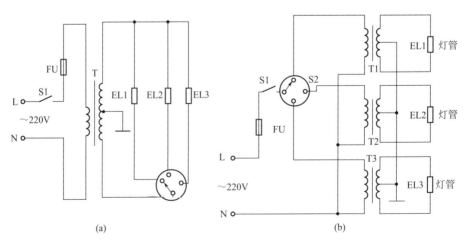

(a)　　　　　　　　　　　　　(b)

图6-46　霓虹灯闪光电路

还有一种为低压滚筒，它由交流电动机、圆筒、活动导电片和固定触点等组成。当交流电动机通电带动圆筒转动时，安装在圆筒上的导电片依次与固定触点接触，接通对应的霓虹灯变压器电源，从而得到各种不同的明暗变化图案。这种方法应用较多，它可控制多台霓虹灯变压器，供大幅图案变化用，如图6-46（b）所示。它是商家、房地产商、广告商的理想宣传工具。

6.47 应急照明灯电路

应急照明灯电路如图6-47所示。当开关S在"1"的位置时，220V的交流电源经变压器T1降压、VD1 ～ VD4整流后向蓄电池GB充电。当停止交流供电时，可把开关S拨向"2"的位置，此时蓄电池向逆变变压器T2次级输出高压，使灯管启辉。

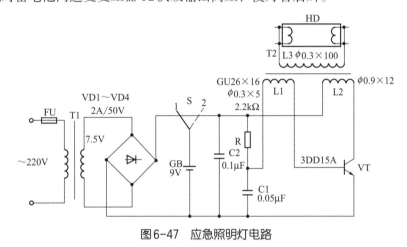

图6-47　应急照明灯电路

逆变变压器采用铁氧体罐形磁芯绕制，规格为GU26×16。绕制时，要注意高压绕组L3的绝缘。电池组可根据条件选用。电源变压器可用10V·A铁芯绕制。灯管可选用7W的H形或U形节能灯。

电路安装无误后，如通电不起振，则有可能是反馈线圈接反，一般来讲，将L1两端对调，即可正常工作。调整C1的容量可改变振荡频率，C1的容量越大，振荡频率越低。

应急灯的应用很广泛，若应用在消防工程中时，除应具有产品相关合格证外，灯具还必须采用金属外壳，灯头（指白炽灯）不允许采用塑料制品。

6.48 微光调光定时有线遥控器电路

本装置具有室内微光照明与调光有线遥控照明功能，也适合城乡楼道、走廊等处照明。电源电路如图6-48左边部分所示。市电交流220V由变压器T变压为6V，经整流桥VD1 ～ VD4整流，C1滤波，R1限流，稳压二极管VS稳压变换成直流电向IC（555集成电路）供电。

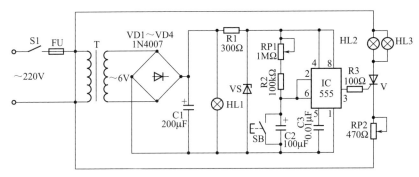

图6-48　微光调光定时有线遥控电路

由555时基集成电路构成节电延时开关电路，电路中的延时电路由集成电路IC、电容C2及C3、电阻RP1和R2、按钮SB组成。当按下按钮SB，IC即被置位，输出端③脚呈高电平，晶闸管V被触发导通，灯泡HL2、HL3亮。当断开SB后，电源通过RP1、R2向C2充电，当充电至2/3V_{DD}阈值时，IC复位，③脚输出低电平，使灯泡HL2、HL3熄灭。当按下复位按钮SB时定时电路工作，HL2、HL3又亮起来。

定时电路决定于RP1、R2向C2充电的时间常数，调节RP1或改变C2的值就可改变定时时间的长短。如：RP1为1MΩ、C2为100μF时，定时为2min；RP1为10MΩ、C2为100μF时，定时为19min14s；RP1为10MΩ、C2为200μF时，定时为32min等。RP1、C2是可变元件。

当接通电源开关S1时，HL1亮，可用于看电视或作床头灯，既有光照，又节约用电。

调节串在晶闸管V主电路的电位器RP2，就改变了它在电路中的压降，相应改变了HL2、HL3的亮度，实现了无级调光。

整流电路采用桥堆或采用四个1N4001二极管；VS采用2CW56的稳压二极管；两个电位器分别为1MΩ（根据需要可改变）和470Ω；V根据负载（并联灯泡的数量）来选择；变压器T选用220/6V的；HL1用6.3V小灯泡，HL2、HL3可用15W/220V普通照明灯泡；电阻均采用1/8W碳膜电阻；电容采用瓷片电容。

电路中的SB为按钮开关，当人外出回来时，按下SB按钮，灯就亮起来，过一会，定时1～2min，照明灯自动熄灭。调节两个电位器，通过改变其阻值来调整定时时间和亮度。

6.49　电话自控照明灯电路

图6-49所示是用555时基集成电路制作的电话自控照明灯电路，它在夜间电话铃响或摘机拨号（打电话）时，能使照明灯自动点亮，且在电话挂机1min后，照明灯能自动熄灭。该电路由控制电路、单稳态触发器、晶闸管V和电源电路组成。

VD1～VD4接成桥式整流电路，其两个输入端串接在电话电路中。晶闸管V与照明灯EL串接后，再并联接在220V电源电路中。平时电话电路中无电流通过，光耦合器IC1内部的发光二极管不发光，光敏三极管处于截止状态，三极管VT因基极为低电平也截止，IC2的②脚为高电平（高于$V_{CC}/3$），IC2内部的单稳态触发器处于稳态，其③脚输出低电平，晶闸管V截止，照明灯EL不亮。

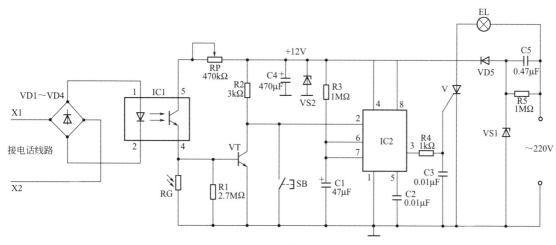

图6-49　电话自控照明灯电路

在夜晚，当摘机拨打电话或外线有电话打入（电话铃响）时，电话电路中有电流通过，使光耦合器IC1内部的发光二极管发光，光敏三极管导通，三极管VT因基极变为高电平而导通，使IC2的②脚产生低电平脉冲信号，IC2内部的单稳态触发器翻转变为暂态，其③脚输出高电平，使晶闸管V导通，照明灯EL点亮。

打完电话挂机后，光耦合器IC1内部的发光二极管和光敏三极管均截止，三极管VT也因基极变为低电平而截止，IC2的②脚又恢复高电平（高于$V_{CC}/3$），但此时IC2的⑥脚电压仍低于$2V_{CC}/3$，单稳态触发器仍维持暂态，+12V电压开始经电阻器R3对电容器C1充电。当C1充电结束、IC2的⑥脚电压上升至$2V_{CC}/3$时，IC2内部的单稳态触发器翻转，由暂态变为稳态，其③脚输出低电平，使V截止，照明灯EL熄灭。

在白天，光敏电阻器RG受室内自然光线的照射而呈低阻值状态，三极管VT的基极始终为低电平，单稳态触发器电路始终处于稳态，即使有电话打入，照明灯EL也不会点亮。只有在夜晚关灯后拨打电话或有电话铃声时，单稳态触发器电路才被触发工作。

调整电位器RP，可以改变光控的灵敏度。

IC2的①脚与②脚之间接有按钮开关SB，平时需要使用照明灯时，只要按一下SB，人为地给IC2的②脚加上一个触发低电平，使单稳态触发器电路翻转，照明灯EL即可以点亮1min。

IC1选用光耦合器4N25；IC2选用NE555、SL555等型号的时基集成电路。VT选用S9014或S8050硅NPN型三极管，VD1～VD5均选用1N4007硅整流二极管。

6.50 声光控自动照明灯电路

这是一种智能灯具，能够只在夜晚有人时才自动开灯，人走后即自动关灯，既满足了照明的需要，又最大限度地节约了电能。电路如图6-50所示，主要元器件使用了数字集成电路，简化了电路结构，提高了工作可靠性。

电路工作原理如下。

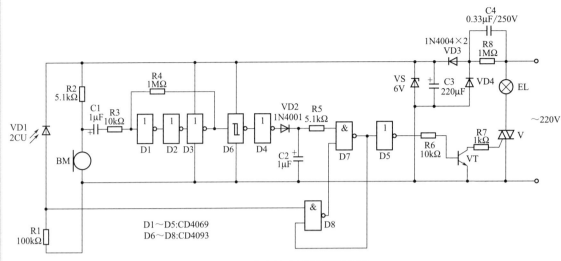

图6-50　声光控自动照明灯电路

① 光敏二极管VD1等组成光控电路。白天由于环境光很亮，VD1导通，D8输出低电平封闭了与非门D7，照明灯泡EL不亮。夜晚VD1截止，D8输出高电平开启了与非门D7，灯泡EL亮或不亮取决于声控电路。

② 驻极体话筒BM等组成声控电路。没有行人时灯泡EL不亮。当有行人接近时，行人的脚步声或讲话声由话筒BM接收、D1 ～ D3放大、D6整形、D4倒相后，经过与非门D7使开关管VT和双向晶闸管V导通，照明灯EL点亮。

③ VD2、C2等组成延时电路。当声音信号消失后，由于延时电路的作用，照明灯EL将继续点亮数十秒后才关闭。

④ 与非门D7输出端的信号又回送至光控门D8，在灯泡EL点亮时封闭光控电路信号，这样即使本灯的灯光照射到光敏二极管VD1上，系统也不会误认为是白天而造成照明灯刚点亮就立即关闭。

该灯电路可以安放在灯座中，外表只留感光孔和感声孔，如图6-50所示组成一个整体，特别适合安装在楼梯、走廊等公共场所。

6.51 建筑用水平测量电路

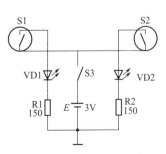

图6-51　建筑用水平测量电路

在建筑行业，水平测量仪是电工或其他装修工安装布线的工具之一，主要用于在电工安装布线时测量是否水平。打开该仪器开关，则发出水平的红光，监测所安装的布线是否水平。该仪器随身携带、体积小巧、灵活、方便。

图6-51所示为建筑用水平测量电路，S1和S2均为玻璃水银导电开关，它内部由一个短电极和一个长电极组成，并装有导电用的可移动水银球。图中为玻璃水银导电开关S1和S2在水平仪中的安装位置。

当水平仪处于水平位置时，玻璃水银导电开关S1和S2内部的水银球均把相应的短电极与长电极接通，因而使两个发光二极管VD1、VD2同时通电发光。当水平仪向着玻璃水银导电开关S1一方倾斜时，其玻璃管内的水银球便位移到左端而脱离短电极，使S1断开，VD1熄灭；但此时VD2仍发光，表示此端偏高。同理，当水平仪向着玻璃水银导电开关S2一方倾斜时，S2断开，VD2熄灭，但VD1仍发光，表示此端偏高。

电路中，R1、R2分别为VD1和VD2的限流电阻器，其阻值大小影响着对应的发光二极管的发光亮度。S3为电源开关。

S1、S2选用KG-102型玻璃水银导电开关。VD1、VD2宜用红色高亮度发光二极管。R1、R2均用RTX. 1/8W型碳膜电阻器。S3用小型拨动开关。

E可用两节7号或5号干电池串联。

整个水平仪电路全部安装在一个尺寸约为250mm×30mm×25mm的长条形木盒或塑料盒内。在盒上盖的中间位置开孔固定电源开关S3，两头位置分别为发光二极管VD1、VD2开出安装孔。盒内部的中间位置固定安装电池E，两端分别水平安放玻璃水银导电开关S1和S2（要求保持在同一水平线上）等。

6.52 运输升降机超速控制电路

图6.52所示为运输升降机超速控制电路，它能防止因电动机正、反转超速运行给设备造成事故，有较强的实用性。

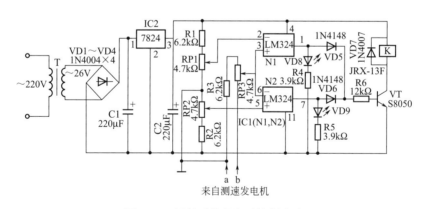

图6-52 运输升降机超速控制电路

交流220V电压经T降压、VD1~VD4整流、C1滤波及IC2稳压后，为IC1提供±12V工作电源。

来自测速发电机的直流电压（该电压的高低与受控电动机的转速有关）经RP3和R3分压后，分别加至IC1的③脚和⑥脚，作为取样电压。当升降机电动机正向运转超速，使取样电压高于IC1的②脚+4.4V基准电压时，IC1的①脚将输出高电平，使VD8点亮，VT导通，继电器K吸合，其常闭触点断开升降机电动机控制回路的电源，使电动机停转，制动器制动停车；当升降机电动机反向运转速度偏高，导致取样电压低于IC1的⑤脚-4.4V取样电压时，IC1的⑦脚将输出高电平，使VD9点亮，VT导通，K吸合，将升降机电动机的工作电源切断，制动器制动停车。

6.53 自动接水器电路

图6-53所示为自动接水器电路，当水缸中的水位处在检测电极B以下时，IC的②脚为低电平，IC导通，继电器K得电吸合，K的触点1-2接通，电磁阀YV得电放水。当水缸水位到达检测电极A的最低端时，电极A-E导通，IC的②脚为高电平，IC截止，K失电，K的触点1-2断开，YV停止注水。K的触点3-4闭合，接通电极A、B。当水缸的水位到A极低端以下时，由于A、B两极经K触点3-4接通，使IC的②脚仍为高电平，IC保持截止状态。直至水位低于B极最低端时，IC导通，YV才又进入放水状态。

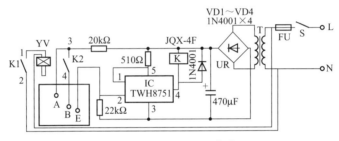

图6-53 自动接水器电路

6.54 电动水阀门电路

图6-54所示为电动水阀门电路，它能自动给水箱加水，还能在进水管无水的情况下自动将电磁阀关闭，以防止在进水管无水时电磁阀长时间通电而损坏。

IC的②脚(低触发端)与低水位检测电极b连接，第⑥脚（高触发端）与高水位检测电极a连接，第④脚(复位端)与进水管内电极c相连，d点与水箱体和金属进水管相连。

当水箱内水位低于b点时，IC的③脚输出高电平，使继电器K工作，电磁阀通电工作，水箱开始进水；当水箱内水位高于a点时，IC的③脚变为低电平，使继电器和电磁阀均断电，停止进水。

当进水管中无水时，IC的④脚为低电平，使IC复位，③脚输出低电平，继电器K和电磁阀均不工作。

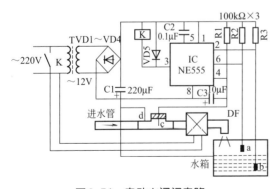

图6-54 电动水阀门电路

C3为延时电容器，是为了避免在水管内有气泡时电磁阀会反复通断而设置的。

6.55 电动窗帘电路

如图6-55（a）所示，该电路仅用了两只限位开关ST1、ST2。一台直流电动机M，一个双刀双掷开关QS和一组6V干电池。

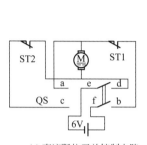 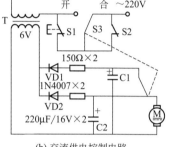

(a) 直流限位开关控制电路　　　　(b) 交流供电控制电路

图6-55　电动窗帘电路

将双刀双掷开关扳至d、b,电动机M正转，传动绳带着帘布、撞击压块向某方向移动，当撞击压块触及限位开关ST1时，电路断开，停止工作。当将双刀双掷开关扳至a、c时，电动机M反转，窗帘向反方向移动。当撞块触击到限位开关ST2时，电路断开，停止工作。

如图6-55（b）所示，采用交流供电，电路更简单。微动开关S1、S2仅需要一对常闭触点，用于控制窗帘开、合的开关S3是2×2的钮子开关。图6-55（b）所示为窗帘处于合上后的停止状态。因采用半波整流，直流电压输出低于6V。但市售电动机大多只要3V电压就能正常运转，故不会影响使用。

6.56 五颜六色闪光装饰电路

如图6-56所示，一个具有红、黄、绿、蓝和琥珀5种颜色的闪光装饰电路，它主要由6个张弛振荡器和6只发光二极管组成。每只发光二极管发光的时间和频率，由所对应的张弛振荡器产生的脉冲宽度和频率确定。因为每只振荡器的反馈电阻的阻值都不一样，所以每只发光二极管的发光次数、时间、颜色各不相同，看起来五彩缤纷，眼花缭乱。

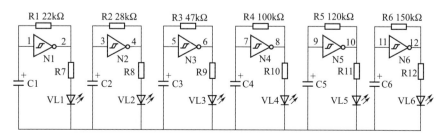

图6-56　五颜六色闪光装饰电路

图中的6个张弛触发器使用一片集成电路CC40106即可。

6.57 电子喷泉电路

高频压电陶瓷片产生超声波，水在高频高压超声波的作用下产生空化效应，从而产生喷泉和水雾。

电子喷泉与盆景艺术相结合，可以产生喷云吐雾的效果，使人感觉到了人间"仙境"，同时利用它加热湿气，也是干燥地区室内理想的加湿保健工具。

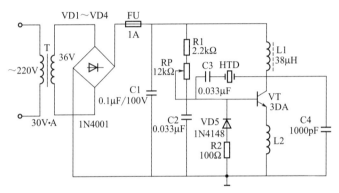

图6-57　电子喷泉电路

图6-57所示为电子喷泉电路，经过变压器降压，桥式整流得到脉动直流电，供给振荡电路。以VT、HTD为核心构成振荡电路，振荡频率为压电陶瓷片的谐振频率1.65MHz，HTD实为超声波换能器，工作时它置于产生的超声波使水雾化。

制作时，对VT有特殊要求，$U_{ceo} > 150V$，$U_{ces} < 3V$，$f_t \geqslant 10MHz$，$I_{cm} = 5A$，$\beta > 25$，可采用BU406D、3DA27B等管。HTD是谐振频率为1.65MHz的专用压电陶瓷片，外径$20 \sim 30mm$，与普通压电陶瓷片相似，但两者不能相互替代。L2用$\phi 0.6$左右的漆包线在$\phi 10$的骨架上绕2圈，脱胎成空心线圈。L1用$\phi 0.6$漆包线在$\phi 12 \times 10$圆形工字形磁芯上绕20圈左右。电源变压器要求功率大于25W，二次侧$36 \sim 38V$，绕线选用$\phi 0.56$以上。VT应加上适当的散热片。调试及正常工作时，HTD必须置于水中，则极易损坏。

6.58 电梯间排气扇控制电路

电梯机房或其他设备装置的排气扇，原来是手动控制，使用不够方便，但可设置单间放置，使排气扇在一定的温度区间自动运转，而在区间外则停转。排气扇控制电路如图6-58所示。

P为电接点温度计，它的表盘上有3根指针，即测温示值指针和上、下限示值指针。工作前先根据需要设定上、下限示值指针的位置。接通直流电源开关，当温度达到上限值时，

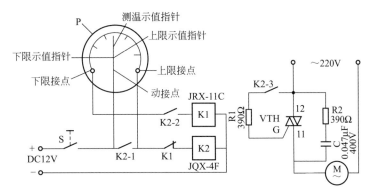

图6-58 电梯间排气扇控制电路

P的动接点与上限接点接通，继电器K2得电吸合，其触点K2-3闭合，双向晶闸管VTH的G极获得触发信号而导通，排气扇电动机M通电运转。

经一段时间后温度略降，动接点与上限接点断开，但因K2的常开触点K2-1已闭合自锁。故M仍通电运转。当温度降至下限值时，P的动接点与下限接点接通，继电器K1得电吸合，K2失电释放，VTH的G极失去触发信号而关断，M断电停转。此后温度略升，P的动接点与下限接点断开，整个电路恢复常态。随温度再次升高，电路重复上述工作过程。M的运转实现了区间的自动运转。

第**7**章

火灾自动报警控制系统

在家装电工行业中，施工时常会接触到安全控制系统，了解并学会应用必要的电气火灾自动报警控制系统也是必须掌握的操作技术之一。

7.1 火灾自动报警控制系统的主要构成

在装饰装修小区楼房中，将火灾自动报警装置和自动灭火装置按实际需要有机地组合起来，配以先进的通信、控制技术，就构成了火灾自动报警控制系统。火灾自动报警控制系统的实物示意如图7-1所示，火灾报警控制系统的常用图形符号如图7-2所示。

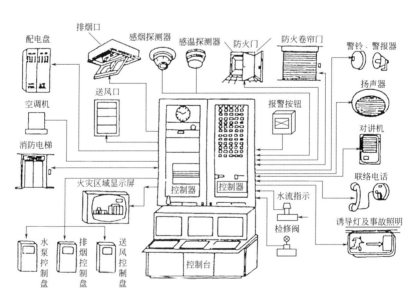

图7-1 火灾自动报警控制系统实物示意

图形符号	说　明	图形符号	说　明	图形符号	说　明
	火灾报警装置 包括： Ac—集中报警装置 Aa—区域报警装置 Fi—楼层显示装置		M—防火门闭门器 FR—中继器 Fd—送风风门出线口 Fe—排烟风门出线口 Fc—控制接口 Fch—切换接口	L U	液面报警器
					消火栓
	感温探测器				消火栓启泵按钮及信号灯
	感烟探测器		火灾警铃	FW	水流指示器
	感光探测器		火灾报警发声器		消防泵
	气体探测器		火灾报警扬声器	FM A B	电控防火门
	红外线光束感烟发射器		火灾光信号装置	FL	电控防火卷帘门
	红外线光束感烟接收器			70℃	防火阀
F	报警电话插孔		非电量接点一般符号 包括： SP—压力开关，压力报警 　　开关 SU—速度开关 ST—温度开关 SL—液位开关 SB—浮球开关 SFW—水流开关	280℃	防火调节阀
	手动报警装置				排烟阀
HLHF	组合声光报警装置 包括：B—声信号 　　L—光信号 　　H—手动报警装置 　　F—电话插孔（专用）				排烟防火阀
					风机
					建筑物标志灯
					单面显示安全出口标志灯
	压力报警阀		非消防电源		双面显示安全出口标志灯
	出线口与接口 *包括：		线性感温探测器		火灾楼层显示灯
			空气管感温探测器		

图7-2　火灾报警控制系统的常用图形符号

火灾自动报警控制系统主要由探测、报警和控制三部分组成。

7.1.1　火灾探测部分

火灾探测部分主要由火灾探测器组成。火灾探测器是火灾的检测元件，通过对火灾现场在火灾初期发出的烟雾、燃烧气体、温升、火焰等的探测，将探测到的火情信号转化为火警电信号，然后送入报警系统。

7.1.2　报警系统

报警系统将火灾探测器传来的信息与现场正常状态进行比较，经确认已着火或即将着火，则指令声光显示动作，发出音响报警（警铃、警笛、高音喇叭等）、声光报警（警灯、闪烁灯等），显示火灾现场地址，记录时间，通知值班人员立即察看火情并采取相应的扑灭措施，通知火灾广播机工作，火灾专用电话开通向消防队报警等。

7.1.3　控制系统

控制系统接到火警数据经处理后，向相应的控制点发出控制信号，并发出提示声光信号，经过设于现场的执行器（继电器、接触器、电磁阀等）控制各种消防设备，如启动消防泵、喷淋水、喷射灭火剂等消防灭火设备；启动排烟机、关闭隔火门；关闭空调，将电梯迫降，打开人员疏散指示灯，切断非消防电源等。

7.2 火灾探测器

7.2.1 火灾探测器的类型

火灾探测器是整个报警系统的检测单元。火灾探测器根据不同的探测方法和原理，可分为感烟式、感温式、感光式、可燃气体式和复合式探测器等类型。

（1）感烟式火灾探测器

感烟式火灾探测器是当火灾发生时，利用所产生的烟雾，通过烟雾敏感检测元件检测并发出报警信号的装置，按敏感元件分为离子感烟式和光电感烟式两种。

离子感烟式是利用火灾时烟雾进入感烟器电离室，烟雾吸收电子，使电离室的电流和电压发生变化，引起电路动作报警。

图7-3　光电式感烟火灾探测器

光电式是利用烟雾对光线的遮挡使光线减弱，光电元件产生动作电流使电路动作报警。光电式感烟火灾探测器的外形如图7-3所示。

火灾初起时首先要产生大量烟雾，因此，感烟式火灾探测器是在火灾报警系统中用得最多的一种探测器，除了个别不适于安装的位置外均可以使用。一般建筑中大量安装的是感烟式探测器，探测器安装在天花板下面，每个探测器保护面积75m²左右，安装高度不大于20m，要避开门、窗口、空调送风口等通风的地方。感烟式火灾探测器的外形如图7-3所示。

（2）感温式火灾探测器

它是利用火灾时周围气温急剧升高，通过温度敏感元件使电路动作报警。常用的温度敏感元件有双金属片、低熔点合金、半导体热敏元件等。

感温式火灾探测器用于不适于使用感烟式火灾探测器的场所，但有些场合也不宜使用，如温度在0℃以下的场所，正常温度变化较大的场所，房间高度大于8m的场所，有可能产生阴燃火的场所。

（3）感光式火灾探测器

感光式火灾探测器又称火焰探测器，它是利用火灾发出的红外光线或紫外光线，作用于光电器件上使电路动作报警。

感光式火灾探测器适用于火灾时有强烈的火焰辐射的场所，无阴燃阶段火灾的场所，需要对火焰作出迅速反应的场所。

（4）可燃气体式火灾探测器

可燃气体式火灾探测器的外形如图7-4所示。它可检测建筑内某些可燃气体，防止可燃气体泄漏造成火灾。

可燃气体式火灾探测器适用于散发可燃气体和可燃蒸气的场所，如车库、煤气管道附近、发电机室等。

（5）复合式火灾探测器

它把两种探测器组合起来，可以更准确地探测到火灾，如感温感烟型、感光感烟型。

图7-4　可燃气体式火灾探测器

7.2.2　火灾探测器的选用

火灾探测器好比是火灾自动报警系统的眼睛，它能将火情信号转化为电信号，快速传到报警系统，发出警报，因此正确地选择探测器能有效地提高整个火灾自动报警控制系统的灵敏性和准确性。

选择火灾探测器时，应该了解防火区内可燃物的数量、性质和初期火灾形成和发展的特点、房间的大小和高度、环境特征和对安全的要求等，合理地选用不同类型的火灾探测器。火灾探测器的选用如表7-1所示。

表7-1　火灾探测器的选用

类　　型		性　能　特　点	适　宜　场　所	不　适　宜　场　所
感烟火灾探测器	离子式	灵敏度高，性能稳定，对阴燃火的反应最灵敏	① 商场、饭店、旅馆、教学楼、办公楼的厅堂、卧室、办公室等 ② 电子计算机房、通信机房、电视电影放映室等 ③ 楼梯、走廊、电梯机房等 ④ 书库、档案库等 ⑤ 有电气火灾危险的场所	① 正常情况下有烟、蒸汽、粉尘、水雾的场所 ② 气流速度大于5m/s的场所 ③ 相对湿度大于95%的场所 ④ 有高频电磁干扰的场所
	光电式	灵敏度高，对湿热气流扰动大的场所适应性好		① 可能产生黑烟 ② 大量积聚粉尘 ③ 可能产生蒸汽和油雾 ④ 在正常情况下有烟滞留 ⑤ 存在高频电磁干扰
感温火灾探测器		性能稳定，可靠性及环境适应性好	① 相对湿度经常高于95% ② 可能发生无烟火灾 ③ 有大量粉尘 ④ 经常有烟和蒸汽 ⑤ 厨房、锅炉房、发电机房、茶炉房、烘干车间等 ⑥ 汽车库 ⑦ 吸烟室、小会议室等 ⑧ 其他不宜安装感烟探测器的厅堂和公共场所	① 有可能产生阴燃火 ② 房间净高大于8m ③ 温度在0℃以下（不宜选用定温火灾探测器） ④ 火灾危险性大，必须早期报警 ⑤ 正常情况下温度变化较大（不宜选用差温火灾探测器）

类　型	性能特点	适宜场所	不适宜场所
感光火灾探测器	对明火反应迅速，探测范围广	① 火灾时有强烈的火焰辐射 ② 火灾时无阴燃阶段 ③ 需要对火灾作出快速反应	① 可能发生无焰火灾 ② 在火焰出现前有浓烟扩散 ③ 探测器的镜头易被污染 ④ 探测器的"视线"易被遮挡 ⑤ 探测器易受阳光或其他光源直接或间接照射 ⑥ 在正常情况下有明火作业以及X射线、弧光等影响
可燃气体探测器	探测能力强，价格低廉，适用范围广	散发可燃气体和可燃蒸气的场所，如车库、煤气管道附近、发电机室	除适宜选用场所之外所有的场所
复合探测器	综合探测火灾时的烟雾温度信号，探测准确，可靠性高	装有联动装置系统、单一探测器不能确认火灾的场所	除适宜选用场所之外所有的场所

7.2.3　火灾探测器数量的确定

探测区域内的每个房间至少应设置一只火灾探测器，一个探测区域内所需设置的探测器数量可按下式计算：

$$N \geqslant S / (K \cdot A)$$

式中　N——一个探测区域内所需设置的探测器数量，取整数；

　　　S——一个探测区域的面积；

　　　A——一只探测器的保护面积；

　　　K——安全系数，取 $0.7 \sim 0.8$。

感温、感烟探测器的保护面积和保护半径如表7-2所示。

表7-2　感温、感烟探测器的保护面积和保护半径

火灾探测器的种类	地面面积 S/m^2	房间高度 h/m	探测器的保护面积 A 和保护半径 R					
			屋顶坡度 θ					
			$\theta \leqslant 15°$		$15° < \theta \leqslant 30°$		$\theta > 30°$	
			A/m^2	R/m	A/m^2	R/m	A/m^2	R/m
感烟探测器	$S \leqslant 80$	$h \leqslant 12$	80	6.7	80	7.2	80	8.0
	$S > 80$	$6 < h \leqslant 12$	80	6.7	100	8.0	120	9.9
		$h \leqslant 6$	60	5.8	80	7.2	100	9.0
感温探测器	$S \leqslant 30$	$h \leqslant 8$	30	4.4	30	4.9	30	5.5
	$S > 30$	$h \leqslant 8$	20	4.9	30	4.9	40	6.3

当探测器装于不同坡度的顶棚上时，随着顶棚坡度的增大，烟雾沿顶棚聚集，使得安装在屋脊的探测器进烟和感受热气流机会增加，因此，探测器的保护半径可相应增大。

当探测器监视的地面面积大于80 m²时，安装在其顶棚上的感烟探测器受其他环境条件的影响较小。房间越高，火源和顶棚之间距离越大，则烟均匀扩散的区域越大。因此，随着房间高度增大，探测器保护的地面面积也增大。

7.2.4　火灾探测器的安装要求

① 探测器至墙壁、梁边的水平距离，不应小于0.5m。

② 探测器周围0.5m内，不应有遮挡物。

③ 在设有空调系统的房间内，探测器至空调送风口边的水平距离，不应小于1.5m，至多孔送风顶棚孔口的水平距离，不应小于0.5m。

④ 在宽度小于3m的内走廊顶棚上设置探测器时，宜居中布置。感温探测器的安装间距不应超过10m，感烟探测器的安装间距不应超过15m。探测器距端墙的距离不应大于探测器安装间距的一半。

⑤ 探测器宜水平安装，当必须倾斜安装时，倾斜角不应大于45°。

⑥ 探测器距光源距离应大于1m。

⑦ 当建筑的室内净空高度小于2.5m或房间面积在30 m²以下，且无侧面上送风的集中空调设备时，感烟探测器宜设在顶棚中央偏向出口一侧。

⑧ 电梯井、升降机井应在井顶设置感烟探测器。当机房有足够大的开口，且机房内已设置感烟探测器时，井顶可不设置探测器。敞井电梯、坡道等，可按垂直距离每隔15m设置一只探测器。

⑨ 探测密度小于1的可燃性气体时，探测器应安装在环境的上部。探测密度大于1的可燃性气体时，探测器应安装在距地面30cm以下的地方。

7.3　火灾报警控制器

火灾报警控制器是火灾自动报警系统中，能够为火灾探测器供电以及将探测器收到的火灾信号接收、处理、显示和传递，发出声、光报警信号，同时显示及记录火灾发生的部位和时间，并向联动控制器发出通信信号的报警装置。在一个火灾自动报警系统中，火灾探测器是系统的感觉器官，随时监视着周围环境的情况，而火灾报警控制器是系统的躯体和大脑，是系统的核心。

7.3.1　火灾报警控制器的分类

（1）按其用途分类

① 区域火灾报警控制器。该控制器直接连接火灾探测器，处理各种来自探测点的报警信息，是各类自动报警系统的主要设备之一。

② 集中火灾报警控制器。该控制器一般不与火灾探测器直接相连，而与区域火灾报警控制器相连，处理区域火灾报警控制器送来的报警信号，主要用于容量较大的火灾自动报警系统中。

③ 通用火灾报警控制器。该控制器通过硬件或软件的配置，既可作区域机使用，直接连接火灾探测器，又可作集中机使用，连接区域火灾报警控制器。

（2）按其信号处理方式分类

① 阈值开关量火灾报警控制器。该控制器连接使用有阈值的开关量火灾探测器，处理的探测信号为阶跃开关量信号，火灾报警取决于火灾探测器。

② 模拟量火灾报警控制器。该控制器连接使用无阈值模拟量火灾探测器，处理的探测信号为连续的模拟量信号，对火灾报警的判断和发送由控制器决定，具有智能结构，是现代火灾报警控制器的首选形式。

（3）按其系统连线方式分类

① 多线制火灾报警控制器。该控制器与火灾探测器的连接采用一一对应方式，一般采取 $n+1$ 根线（n 为探测器数量），目前这种形式已被淘汰。

② 总线制火灾报警控制器。该控制器与火灾探测器的连接采用总线方式，有二总线、三总线、四总线等不同形式，具有工程造价较低、安装调试及使用方便等特点。目前大多数火灾报警控制器均采用此形式，尤其是在中、大型系统中。

7.3.2 火灾报警控制器的设置

（1）报警区域的划分

报警区域应该按照智能建筑的保护等级、耐火等级，合理正确地划分。规范规定"报警区域应根据防火分区或楼层进行划分"，也就是说，既可以将一个防火分区划分为一个报警区域，也可以将同层的几个防火分区划为一个报警区域。特别强调，将几个防火分区划为同一报警区域时，只能在同一楼层而不得跨越楼层。

（2）区域火灾报警控制器容量的确定

区域火灾报警控制器一般按防火分区设置，其容量的确定，主要取决于本报警区域内编址探测设备的数量。报警区域编址探测设备，不单指感烟、感温或其他种类火灾探测器的数量，还包括该报警区域内手动报警按钮、消火栓报警按钮以及通过控制模块转换信号的水流指示器和水压力开关等。例如，某型号火灾报警控制器的容量为4回路 × 128探测点，即每个控制回路可控制128个编址探测点。如果智能建筑中某报警区域编址设备总数为400个，则该火灾自动报警控制器可以满足区域报警要求。假设该报警区域内有600个探测编址点，显然需要2台该型号控制器（一般情况下，应选用单台容量满足600个探测编址点要求的产品作区域报警控制器）。

一般来说，火灾报警控制器的标称容量都是单台控制器的最大容量，为了保证火灾自动报警系统既能高效率又能高可靠性地工作，实际设计各回路探测点时要考虑一定的余量。综合考虑建筑结构与建筑施工等因素，火灾报警系统中区域火灾报警控制器每个回路的实际设计容量应为标称容量的80% ～ 90%。

（3）集中火灾报警控制器的确定

在火灾自动报警与联动控制系统中选配集中火灾报警控制器时，一方面，要满足整个火灾报警系统的工作要求；另一方面，还应该具备与智能建筑中其他控制系统的通信界面，主要包括以下几点。

① 与各个报警区域内区域火灾报警控制器的通信功能。

② 处理显示整个系统报警信息，故障信息和联动信息的功能。

③ 应能根据火警信息，启动消防联动设备并显示其状态。

④ 具备与智能建筑中其他控制系统的通信界面。

7.4 联动灭火控制

7.4.1 灭火系统

（1）消火栓灭火系统

消火栓灭火是建筑内最基本和最常用的灭火方式。消火栓灭火系统由蓄水池、水泵、消火栓等组成，如图7-5所示。在建筑物各防火分区内均设置有消火栓箱，在消火栓箱内设置有消防按钮。灭火时用小锤敲击按钮的玻璃窗，玻璃打碎后，按钮不再被压下，即恢复常开的状态，从而通过控制电路启动消防泵。消防水泵启动后即可给灭火系统提供一定压力和流量的消防用水。

消火栓箱由水枪、水龙带、消火栓等组成，按安装方式可分为暗装消火栓箱、明装消火栓箱和半明装消火栓箱，如图7-6所示。室内消火栓箱应设在走道、楼梯附近等明显易于取用的地点。消火栓箱应涂红色。消火栓口离地面高度为1.1m，其出水方向宜向下或与设置消火栓的墙面成90°。

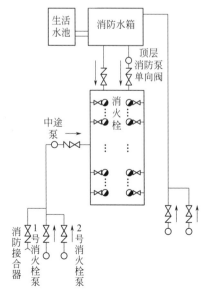

图7-5 消火栓灭火系统

图7-6 半明装消火栓箱

（2）自动喷淋水灭火系统

自动喷淋水灭火系统是应用较普遍的固定灭火系统，是解决建筑物早期自防自救的重要措施。自动喷淋水灭火系统的类型较多，主要有湿式喷水灭火系统、干式喷水灭火系统、预作用喷水灭火系统、雨淋灭火系统和水幕系统等。湿式喷水灭火系统是应用最广泛的自动喷水灭火系统，在室内温度不低于4℃的场所，应用此系统特别合适。

① 湿式自动喷水灭火系统　湿式自动喷水灭火系统由供水设施、闭式喷头、水流指示器、管网等组成，如图7-7所示，其动作程序如图7-8所示。这种系统由于其供水管路和喷头内始终充满水，故称为湿式自动喷水灭火系统。

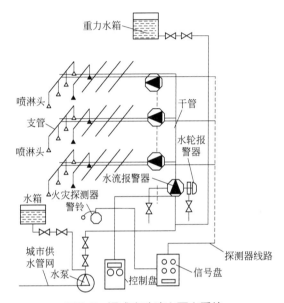

图7-7　湿式自动喷水灭火系统

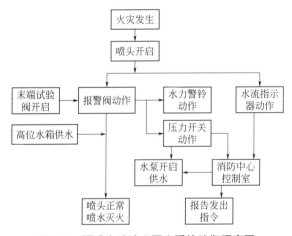

图7-8　湿式自动喷水灭火系统动作程序图

在建筑物的天花板下安装有闭式喷水喷头（图7-9），喷头口用玻璃泡堵住。玻璃泡内装有受热汽化的彩色液体，当发生火灾室温升高到一定值时，液体汽化，把玻璃球胀碎，压力水通过爆裂的喷头自动喷向火灾现场，达到灭火目的。

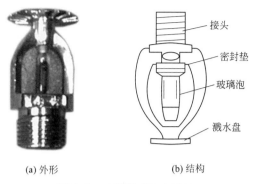

(a) 外形　　　　　(b) 结构

图7-9　玻璃泡式喷水喷头

湿式自动喷水灭火系统因具有结构简单、工作可靠、灭火迅速等优点而得到广泛应用。但它不适合有冰冻的场所或温度超过70℃的建筑物和场所。

②干式自动喷水灭火系统　干式自动喷水灭火系统与湿式自动喷水灭火系统的原理相同，区别在于采用干式报警阀，供水管道平时不充有压力水，而充有一定压力的气体。当灭火现场发生火灾时该系统的闭式喷水喷头爆裂，供水管道先经过排气充水过程，再实现火灾现场的自动灭火过程。

干式自动喷水灭火系统适用于环境温度在4℃以下和70℃以上而不宜采用湿式喷水灭火系统的地方，它能有效避免高温或低温水对系统的危害，但对于火灾可能发生蔓延速度较快的场所不适合采用此种系统。

（3）气体自动灭火系统

在不能用水灭火的场合如计算机房、档案室、配电室等，可选用不同的气体来进行灭火。常用的气体灭火剂有二氧化碳、四氯化碳、卤代烷等，由控制中心控制实施灭火。

常用的气体自动灭火系统有卤代烷灭火系统和二氧化碳灭火系统。

卤代烷灭火系统多使用1211、1301、2402等作为灭火剂，其中以1301应用最为广泛。

卤代烷灭火系统由贮存容器、容器阀、释放风、管道、管道附件及喷嘴等组成，如图7-10所示。火灾探测器探测到防护区火灾后，发出报警，同时将信号传到消防控制中心，监控设备启动联动装置，在延时30s后，自动启动灭火剂贮存容器，通过管网将灭火剂输送到着火区，从喷嘴喷出，将火扑灭。

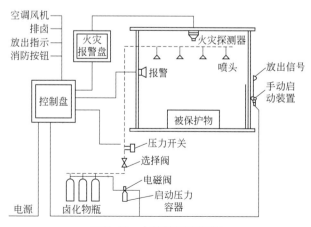

图7-10　卤代烷灭火系统

卤代烷灭火系统适用于电子计算机房、图书档案室、文物资料贮藏室等场所，但卤代烷灭火系统不适于活泼金属、金属氢化物、有机过氧化物、硝酸纤维素、炸药等火灾。

7.4.2 防、排烟控制系统

防、排烟系统在整个消防联动系统中的作用非常重要，因为在火灾事故中造成的人身伤害，绝大部分是因为窒息造成的。建筑物防烟设备的作用是防止烟气侵入安全疏散通道，而排烟设备的作用是消除烟气的大量积聚并防止烟气扩散到安全疏散通道。

防烟和排烟系统主要由防烟防火阀、防烟与排烟风机、管路、风口等组成，防、排烟系统的动作程序如图7-11所示。

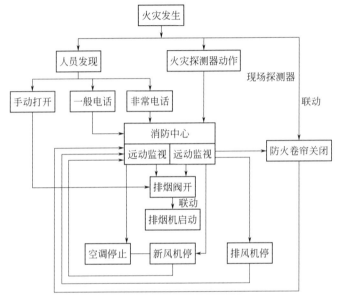

图7-11 防、排烟系统的动作程序

当火灾发生时，着火层火灾探测器发出火警信号，火灾报警控制器接收到此信号后，一方面发出声光报警信号，并显示及记录报警地址和时间，另一方面同时将报警点数据传递给联动控制器，经其内部控制逻辑关系判断后，发出联动信号，通过配套执行器件自动开启所在区域的排烟风机，同时自动开启着火层及其上、下层的排烟阀口。

某些防烟和排烟阀口的动作采用温度熔断器自动控制方式，熔断器的动作温度有70℃和280℃两种。当防烟和排烟风机总管道上的防烟防火阀温度达到70℃时，其阀门自动开启，并作为报警信号，经输入模块输入火灾报警控制系统，联动开启防烟和排烟风机。当防烟和排烟风机总管道上的防烟防火阀温度达到280℃时，其阀门能自动关闭，并作为报警信号，经输入模块输入火灾报警控制系统，联动停止防烟和排烟风机。

7.4.3 其他外控消防设备的控制

（1）防火卷帘、防火门控制系统

两个防火分区之间设置的防火卷帘和防火门是阻止烟、火蔓延的防火隔断设备。

在疏散通道上的防火卷帘两侧应设感烟、感温探测器组，在其任意一侧感烟探测器动作报警后，通过火灾报警控制系统联动控制防火卷帘降至距地面1.5m处；感温探测器动作报警后，经火灾报警控制系统联动控制其下降到底，此时关闭信号应送至消防控制室。作为防火分区分隔的防火卷帘，当任意一侧防火分区的火灾探测器动作后，防火卷帘应一次下降到底。防火卷帘两侧都应设置手动控制按钮及人工升、降装置，在探测器组误动作时，能强制开启防火卷帘。防火卷帘以及手动控制按钮如图7-12所示。

(a) 防火卷帘 (b) 手动控制按钮

图7-12　防火卷帘以及手动控制按钮

（2）火灾事故广播控制系统

火灾事故广播系统通常为独立的广播系统。该系统配置有专用的广播扩音机、广播控制盘、分路切换盒、音频传输网络及扬声器等。控制方式分为自动播音和手动播音两种。手动播音控制方式对系统调试和运行维护较方便。当火灾事故广播与建筑物内广播音响系统共用时，可通过联动模块将火灾疏散层的扬声器和广播音响扩音机等强制转入火灾事故广播状态，即停止背景音乐广播，播放火灾事故广播。

（3）非消防电源控制

当发生火灾时，为了防止火势的蔓延扩散，尤其防止蔓延为电源火灾，消防控制室通过安装在相关楼层的电源箱内的输出模块及时切断非消防电源。

（4）电梯控制系统

若大楼内设有多部客梯和消防电梯，在发生火灾时，联动模块发出指令，不管客梯处于任何状态，电梯上按钮将失去控制作用，客梯全部降到首层，客梯门自动打开，等梯内人员疏散后，自动切断客梯电源，同时将动作信号反馈至消防控制室。消防人员需要使用消防电梯时，可在电梯轿厢内使用专用的手动操纵盘来控制其运行。

7.5　手动火灾报警和手动灭火

7.5.1　手动火灾报警按钮

手动火灾报警按钮是人为确认火警的报警装置，它设置在经常有人员走动的地方，而且安装在明显的便于操作的部位。当人工确认发生火灾时，按下此报警按钮，向消防控制中心发出火警信号。手动火灾报警按钮如图7-13所示。

图7-13　手动火灾报警按钮

手动火灾报警按钮可手动复位，取消报警，可多次重复使用，还具有电话通信功能，将话机插入通信插孔内，可与消防控制室直接通话联系。

手动火灾报警按钮应安装在墙上距地面高度1.5m处，应有明显标志。报警区域内每个防火分区应至少设置1只手动火灾报警按钮，从一个防火分区内的任何位置到最邻近的一个手动火灾报警按钮的步行距离不应大于30m。

7.5.2　灭火的基本方法

一切灭火措施，都是为了破坏已经燃烧的一个或几个燃烧的必要条件，从而使燃烧停止，具体的方法如下。

（1）隔离法

隔离法是使燃烧物和未燃烧物隔离，限定灭火范围的一种灭火方法。具体方法如下。

①搬迁未燃烧物。

②拆除毗邻燃烧处的建筑物、设备等。

③断绝燃烧气体、液体的来源。

④放空未燃烧的气体。

⑤抽走未燃烧的液体。

⑥堵截流散的燃烧液体等。

（2）窒息法

窒息法是稀释燃烧区的氧量，隔绝新鲜空气进入燃烧区的一种灭火方法。具体方法如下。

①往燃烧物上喷射氮气、二氧化碳。

②往燃烧物上喷洒雾状水、泡沫。

③用砂土埋燃烧物。

④用石棉被、湿麻袋捂盖燃烧物。

⑤封闭着火的建筑物和设备孔洞等。

（3）冷却法

冷却法是降低燃烧物的温度于燃点之下，从而停止燃烧的一种灭火方法。具体方法如下。

① 用水喷洒冷却。

② 用砂土埋燃烧物。

③ 往燃烧物上喷泡沫。

④ 往燃烧物上喷二氧化碳等。

7.5.3 灭火器的使用常识

（1）泡沫灭火器的使用

泡沫灭火器适用于扑救油脂类、石油类产品及一般固体物质的初起火灾。泡沫灭火器只能立着放置。其使用方法如图7-14所示。

泡沫灭火器筒身内悬挂装有硫酸铝水溶液的玻璃瓶或聚乙烯塑料制成的瓶胆。筒身内装有碳酸氢钠与发泡剂的混合溶液。使用时将筒身颠倒过来，碳酸氢钠与硫酸两溶液混合后发生化学作用，产生二氧化碳气体泡沫由喷嘴喷出。对准被灭火物持续喷射，大量的二氧化碳气体覆盖在物体表面，使其与氧气隔绝，即可将火势控制。使用时，必须注意不要将筒盖、筒底对着人体，以防万一爆炸伤人。

（2）二氧化碳灭火器的使用

二氧化碳灭火器主要适用于扑救贵重设备、档案资料、仪器仪表、额定电压600V以下的电器及油脂等火灾，但不适用于扑灭金属钾、钠的燃烧。二氧化碳灭火器分为手轮和鸭嘴式两种手提式灭火器，鸭嘴式二氧化碳灭火器的使用方法如图7-15所示。

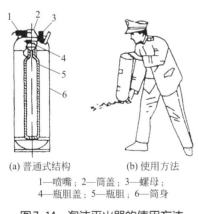

(a) 普通式结构　　(b) 使用方法

1—喷嘴；2—筒盖；3—螺母；
4—瓶胆盖；5—瓶胆；6—筒身

图7-14　泡沫灭火器的使用方法

(a) 结构图　　(b) 使用方法

1—启闭阀门；2—器桶；3—虹吸管；4—喷筒

图7-15　鸭嘴式二氧化碳灭火器的使用方法

二氧化碳灭火器的钢瓶内装有液态的二氧化碳，使用时液态二氧化碳从灭火器喷出后迅速蒸发，变成固体雪花状的二氧化碳。固体二氧化碳在燃烧物体上迅速挥发而变成气体。当二氧化碳气体在空气中含量达到30%～35%时，物质燃烧就会停止。鸭嘴式二氧化碳灭火器使用时，一手拿喷筒对准火源，一手握紧鸭舌，气体即可喷出。二氧化碳导电性差，电压超过600V必须先停电后灭火，二氧化碳怕高温，存放点温度不应超过42℃。使用时不要用手摸金属导管，也不要把喷筒对着人，以防冻伤。喷射方向应顺风，切勿逆风使用。

（3）干粉灭火器的使用

干粉灭火器主要适用于扑救石油及其产品、可燃气体和电气设备的初起火灾。其使用方法如图7-16所示。

使用干粉灭火器时先打开保险销，把喷管口对准火源，另一手紧握导杆提环，将顶针压下，干粉即喷出。

（4）1211灭火器的使用

1211灭火器适用地扑救油类、精密机械设备、仪表、电子仪器、设备及文物、图书、档案等贵重物品的初起火灾。其使用方法如图7-17所示。

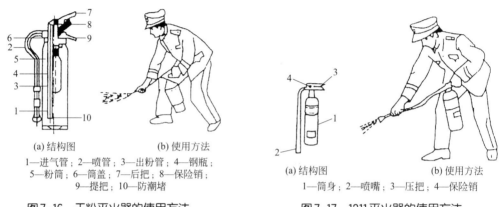

(a) 结构图 　　　　　(b) 使用方法
1—进气管；2—喷管；3—出粉管；4—钢瓶；
5—粉筒；6—筒盖；7—后把；8—保险销；
9—提把；10—防潮堵

(a) 结构图 　　　　　(b) 使用方法
1—筒身；2—喷嘴；3—压把；4—保险销

图7-16　干粉灭火器的使用方法　　　图7-17　1211灭火器的使用方法

1211灭火器钢瓶内装满二氟一氯一溴甲烷的卤化物，是一种使用较广的灭火器。使用时，拔掉保险销，然后用力握紧压把开关，由压杆使密封阀开启，在氮气压力作用下，灭火剂喷出。灭火时，应垂直操作，不可平放和颠倒使用，喷嘴要对准火焰根部，沿顺风左右扫射，并快速向前推进，当火扑灭后，松开压把开关，喷射即停止。

第8章

住宅小区与智能楼宇安全防范系统

住宅小区与智能楼宇的安全防范系统主要包括防盗报警系统、闭路监控系统、停车场管理系统、楼宇对讲系统和电子巡更系统。在装饰装修电工行业中了解并规范应用，安装好住宅小区与智能楼宇安全防范系统，也是必须掌握的操作技术。

8.1 防盗报警系统

防盗报警系统主要由防盗探测报警器、信号传输、报警控制器、报警中心以及保安警卫力量组成。防盗报警系统中各部分的图形符号如图8-1所示。

防盗探测器	对射式主动红外线探测器(发射部分)	玻璃破碎探测器	电控门锁	脚挑报警开关	防盗报警控制器
对射式主动红外线探测器(接收部分)	感烟探测器	电磁门锁	磁卡读卡机	超声波探测器 SP	被动红外线探测器 PIP
门磁开关	出门按钮	指纹读入机	微波探测器 MP	微波/被动红外线双鉴探测器	振动感应器
报警按钮	非接触式读卡机	报警警铃	保安控制器	按键式自动电话机	报警闪灯
打印机 PRT	报警喇叭	对讲门口主机 DMZHD	室内对讲机 DZ	巡更站	显示器 CRT
可视对讲门口主机 KVDD	对讲门口子机 DMDD	室内可视对讲机 KVDZ	计算机 CPU	报警通信接口 ACI	

图8-1 防盗报警系统的图形符号

8.1.1 入侵探测器

入侵探测器的作用是在有人不正常进入某个区域，或某些物体被不正常移动、破坏时能够及时发现，并发出报警信号。

（1）红外线入侵探测器

红外线入侵探测器分为主动式和被动式两种。

主动式红外线入侵探测器由收、发两部分装置组成，如图8-2所示。由发射装置发射出的红外线经过防范区到达接收机，构成一条警戒线。正常情况下，接收机收到的是一个稳定的信号，当有人侵入到警戒线时，红外光束被遮挡，接收装置接收不到特定的红外线信号，则发出报警信号。主动式红外线入侵探测器体积小、重量轻、便于隐蔽，且寿命长、价格低，被广泛应用于安全防范工程中。

被动式红外线入侵探测器是相对于主动式红外探测器而言的。被动式红外入侵探测器本身不发射任何辐射，而是依靠人体的红外辐射来进行报警的。被动式红外线入侵探测器的外形如图8-3所示。

图8-2 主动式红外线入侵探测器

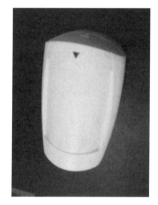

图8-3 被动式红外线入侵探测器

被动式红外线入侵探测器隐蔽性好，昼夜可用，特别适合在夜间或黑暗环境中工作。由于不发射能量，不会产生系统互扰的问题。

（2）超声波入侵探测器

超声波入侵探测器是用来探测移动物体的空间型探测器。超声波探测器发出25～40kHz的超声波充满室内空间，超声波接收机接收室内物体反射回的超声波，并与发射波相比较，当室内没有物体移动时，发射波与反射波的频率是一致的，即不会报警。当室内有物体移动时，反射波会产生多普勒频移，接收机检测后会发出报警信号。

超声波入侵探测器适用于各种不同形式、面积的房间，在某一确定的范围内可实现无死角警戒，安装方便、灵活。超声波入侵探测器的防范区域一般应为密闭的室内，门窗要求关闭，其缝隙也应足够小，电扇、空调等均应关闭。

（3）开关式入侵探测器

开关式入侵探测器是通过各种类型开关的闭合和断开来控制电路通断，从而触发报警的探测器。常用的开关有磁控开关、微动开关、压力垫，也有用金属丝、金属条、金属箔等来代用的开关。开关式报警器属于点控制型入侵探测器。

开关式入侵探测器安装在固定的门框或窗框上，当入侵者开门或开窗时，即可发出报警信号。

（4）玻璃破碎入侵探测器

玻璃破碎入侵探测器是专门用来探测玻璃破碎的探测器。当入侵者打碎门窗玻璃试图作案时，即可发出报警信号。玻璃破碎入侵探测器的外形如图8-4所示。

玻璃破碎入侵探测器一般是黏附在玻璃上，利用振动传感器在玻璃破碎时产生的2kHz特殊频率，感应出报警信号，而对一般的风吹门、窗时产生的振动信号没有反应。

图8-4　玻璃破碎入侵探测器

（5）微波入侵探测器

微波入侵探测器分为雷达式和墙式两种类型。前者是一种将微波收、发设备合置的微波探测器，它的工作原理基于微波的多普勒效应；后者是一种将微波收、发设备分置的微波探测器，它的工作原理基于场干扰的原理。

（6）声控探测器

声控探测器用微音器作传感器，用来监测入侵者在防范区域内走动或作案活动发出声响（如开闭门窗，拆卸搬动物品及撬锁的声响），并将此声响转换为电信号经传输线送入报警主控制器。

声控探测器属于空间控制型探测器，适合于在环境噪声较小的仓库、博物馆、金库、机要室等处使用。

（7）振动探测器

振动探测器是以探测入侵者的走动或破坏活动（如入侵者撞击门、窗、保险柜）时所产生的振动信号，来触发报警的探测器。

常用的振动传感器有位移式传感器（机械式）、速度传感器（电动式）、加速度传感器（压电晶体式）等。

（8）周界防御探测器

周界防御探测器是在重要的安全防范区域，将几种传感器组合成的一个严密的综合周界防御系统。用于周界防御报警的传感器有：驻极体电缆式传感器、电场式传感器、泄漏电缆式传感器、光纤传感器、机电式传感器、压式传感器、振动式传感器等。

（9）双技术探测器

双技术探测器又称为双鉴器、复合式探测器或组合式探测器，它是将两种探测技术结合在一起，以"相与"的关系来触发，即只有当两种探测器同时或者相继在短暂时间内都探测到目标时，才会发出报警信号。

常用的有超声波-被动红外、微波-被动红外、微波-主动红外等双技术探测器。

常用入侵探测器的工作特点如表8-1所示。

表8-1 常用入侵探测器的工作特点

入侵探测器类型		警戒功能	工作场所	主 要 特 点	适于工作的环境及条件	不适于工作的环境及条件
微波	多普勒式	空间	室内	隐蔽，功耗小，穿透力强	可在热源、光源、流动空气的环境中正常工作	有机械振动、抖动、摇摆、电磁干扰的场所
	阻挡式	点、线	室内外	与运动物体速度无关	室外全天候工作，适于远距离直线周界警戒	收发之间视线内不得有障碍物或运动、摆动物体
红外线	被动式	空间、线	室内	隐蔽，昼夜可用，功耗低	静态背景	背景有红外线辐射变化及有热源、振动、冷热气流、阳光直射，背景与目标温度接近，有强电磁干扰
	阻挡式	点、线	室内外	隐蔽，便于伪装，寿命长	在室外与围栏配合使用，作周界报警	收发之间视线内不得有障碍物，地形起伏、周界不规则，大雾、大雪等恶劣天气
超声波		空间	室内	无死角，不受电磁干扰	隔声性能好的密闭房间	振动、热源、噪声源、多门窗的房间，温湿度及气流变化大的场所
激光		线	室内外	隐蔽性好，价高，调整困难	长距离直线周界警戒	同阻挡式红外线报警器
声控		空间	室内	有自我复核能力	无噪声干扰的安静场所与其他类型报警器配合作报警复核用	有噪声干扰的热闹场所
监控电视		空间、面	室内外	报警与摄像复核相结合	静态景物及照度缓慢变化的场所	背景有动态景物及照度快速变化的场所
双技术报警器		空间	室内	两种类型探测器相互鉴证后才发出报警，误报率极小	其他类型报警器不适用的环境均可用	强电磁干扰

8.1.2　入侵报警控制器

报警控制器是入侵报警控制系统的核心。报警控制器直接或间接接收来自入侵探测器发出的报警信号，经分析、判断，发出声光报警，并能指示入侵发生的部位。声光报警信号应能保持到手动复位，复位后，如果再有入侵报警信号输入时，能重新发出声光报警。报警控制器还能向与该机接口的全部探测器提供直流工作电压。

入侵报警控制器可分为小型报警控制器、区域报警控制器和集中报警控制器。

小型入侵报警控制器适用于银行的储蓄所、学校的财务部门、档案室和较小的仓库等场所。

区域入侵报警控制器适用于防范要求较高的高层写字楼、住宅小区、大型仓库、货场等场所。

集中入侵报警控制器适用于大型和特大型报警系统，由集中入侵报警控制器把多个区域的入侵报警控制器联系在一起。集中入侵报警控制器能接收各个区域报警控制器送来的信息，同时也能向各区域报警控制器送去控制指令，直接监控各区域报警控制器监控的防范区域。

8.1.3 防盗系统的布防模式

根据防范场所，防范对象及防范要求的不同，现场布防可分为周界防护、空间防护和复合防护三种模式。

（1）周界防护模式

采用各种探测报警手段对整个防范场所的周界进行封锁，如对大型建筑物，采用室外周界布防，选用主动红外、遮挡式微波、电缆泄漏式微波等报警器。

对大型建筑物也可采用室内周界布防，使用探测器封锁出入口、门、窗等可能受到入侵的部位。对于面积不大的门窗，可以用磁控开关。对于大型玻璃门窗可采用玻璃破碎报警器。

（2）空间防护模式

空间防护时的探测器所防范的范围是一个特定的空间，当探测到防范空间内有入侵者的侵入时就发出报警信号。

在室内封锁主出入口及入侵者可能活动的部位，对于小房间仅用一个探测器。若较大的空间需要采用几个探测器交叉布防，以减少探测盲区。

（3）复合防护模式

它是在防范区域采用不同类型的探测器进行布防，使用多种探测器对重点部位作综合警戒，当防范区内有入侵者的进入或活动，就会引起两个以上的探测器陆续报警。例如，对重点厅堂的复合防护，可在窗外设周界报警器，门窗安装磁控开关，通道出入口设有压力垫，室内设双技术报警器，构成一个立体防范区。

8.2 闭路监控系统

闭路监控电视系统也称闭路电视系统（又称CCTV），系统通过遥控摄像机及其辅助设备，直接观察被监视场所的情况，同时可以把被监视场所的情况进行同步录像。

8.2.1 组成方式

闭路监控电视系统有单头单尾、单头多尾、多头单尾、多头多尾等不同的组成方式，适合于不同场所、不同要求和不同规模的需要。闭路监控电视系统的组成方式如图8-5所示。

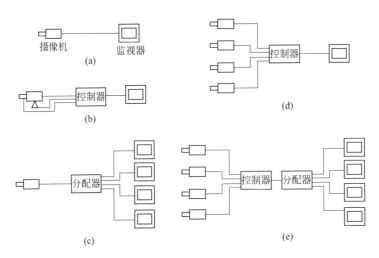

图8-5　闭路监控电视系统的组成方式

（1）单头单尾方式

单头单尾方式是最简单的单一小系统。它适于在一处连续监视一个固定目标。该系统由摄像机、传输电（光）缆、监视器组成。图8-5（a）是使用固定云台的单头单尾方式，适于对一个固定目标进行监视；图8-5（b）是使用电动云台的单头单尾方式，适于对一个固定场所进行全方位扫描监视。

（2）单头多尾方式

图8-5（c）是单头多尾方式，它适于在多处监视同一个目标。该系统由摄像机、传输电（光）缆、视频分配器、监视器等组成。

（3）多头单尾方式

图8-5（d）是多头单尾方式，它适于在一处集中监视多个分散目标。该系统由摄像机、传输电（光）缆、切换控制器和监视器等组成。

（4）多头多尾方式

图8-5（e）是多头多尾方式，它适于在多处监视多个目标。该系统由摄像机、切换控制器、视频分配器和监视器组成。

8.2.2　基本结构

一般闭路监控电视系统均由前端设备、传输分配系统和终端设备组成。前端设备包括摄像机、镜头、外罩和云台等；传输分配部分包括馈线、视频分配器、视频电缆补偿器和视频放大器等；终端设备包括控制器、云台控制器、图像处理与显示部分（含视频切换器、监视器和录像机等）。前端设备与控制装置的信号传输以及执行功能通过解码器来实现。闭路监控系统的原理图如图8-6所示。

（1）摄像机

摄像机是获取监视现场图像的前端设备。现在使用的摄像机都是固体器件摄像机，景物通过镜头成像在电荷耦合器件（CCD）上，转换成电信号。CCD摄像机分为黑白摄像机和彩色摄像机。常用的摄像机如图8-7所示。

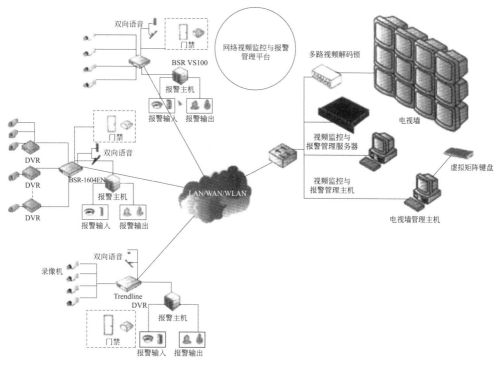

图8-6　闭路监控系统原理图

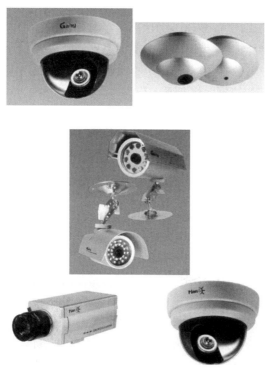

图8-7　摄像机

（2）镜头

镜头的作用是把被观察目标的光像聚集于摄像管的靶面或CCD传感器件上。CCD摄像机可以换用不同的镜头来满足不同的摄像要求，镜头分为手动光圈镜头和自动光圈镜头，另外还分为固定焦距镜头和变焦距镜头。在选用镜头时，镜头尺寸和安装方式必须与摄像机镜头安装尺寸和安装方式相同。常用的镜头如图8-8所示。

图8-8　镜头

（3）云台

云台是一种安装在摄像机支撑物上的工作台，用于摄像机与支撑物之间的连接，它具有上下左右旋转运动的功能，固定于其上的摄像机可以完成定点监视或扫描式全景观察功能，分为手动云台和电动云台。云台水平转动的角度为350°，垂直转动则有±45°、±35°、±75°等。

（4）防护罩

防护罩的作用是防止摄像机受外力破坏，延长其使用寿命以及遮光、防尘等。防护罩可分为室内型和室外型两种。室内用防护罩主要是防止摄像机落尘并有一定的安全防护作用，如防盗、防破坏等。室外防护罩一般为全天候防护罩，即无论刮风、下雨、下雪、高温、低温等恶劣天气，都能使摄像机正常工作。

（5）监视器（CRT）

监视器是闭路监控系统的终端显示设备，它用来重现被摄物体的图像。监视器分为黑白和彩色两种。

（6）录像机（VTR/VCR）

录像机是专门用来记录电视图像信号的一种磁记录设备。长时间录像机可以用一盘180min录像带记录8h以上的监控图像，最长记录时间可长达960h，常用24h机型。新型数码录像机可以同时记录多台摄像机的信号。

（7）视频切换控制器

视频切换控制器是一个连接、切换装置。同一时间一台监视器只能显示一台摄像机信号；使用一台监视器，显示多台摄像机的信号时，需要利用视频切换控制器任意选择切换其中的某一个信号进行显示，也可以设定自动按一定顺序显示各个信号。在视频切换控制器上，可以提供摄像机、电动云台的直流电源及自动光圈、自动变焦、云台调整的控制信号。

（8）多画面分割器

使用多画面分割器可将输入的多路摄像机的图像信号，经处理后在一个监视器荧光屏上的不同部位同时显示。常用的多画面分割器如图8-9所示。

（9）矩阵控制器

矩阵控制器也是一个连接、切换装置。矩阵控制器以输入输出的路数划分为小型、中型和大型。输入路数从16路到64路，甚至高达1024路或更多。矩阵控制器可以使用数字方式控制，发出控制代码。

（10）解码器

解码器是把控制代码变成控制信号，来控制摄像机的动作。使用矩阵控制器时，要求在每台摄像机处安装解码器，识别属于本摄像机的控制信号代码，所有解码器可以并接在一根双绞线上，这样就简化了控制线路导线的敷设。常用的解码器如图8-10所示。

图8-9　多画面分割器　　　　　　　　图8-10　解码器

（11）传输导线

摄像机的视频电视信号，75 Ω同轴电缆传输。传输距离在500m以上时，线路中要加设电缆均衡器或电缆均衡放大器，对电缆中的视频信号进行补偿及放大。

8.3　楼宇对讲系统

楼宇对讲系统，亦称访客对讲系统，又称对讲机–电门锁保安系统。按功能为单对讲、可视对讲、智能对讲三种类型。楼宇保安对讲系统具有基本功能和扩展功能。基本功能为呼叫对讲和控制开门。护展功能有可视对讲、通话保密、通话限时、报警、双向呼叫、密码开门、区域联网、报警联网和内部对讲等。

8.3.1　系统分类

（1）单对讲型系统

单对讲型系统适用于低层少户型建筑。该系统分为面板机、室内电话机和电源盒、电控锁四部分。单对讲系统原理图如图8-11所示。

（2）可视对讲型系统

可视对讲型系统只是在单对讲型系统基础上，增加可视部分功能。在系统的门面板机上装有摄像头，每个用户的室内机上有一个小显示屏，当用户被呼叫时，摘下话机，同时在显示屏上会显示来访者图像，用户确认后按开门键打开电磁门。在建筑物外门处一般应设照明灯具，以方便用户使用门口机或用钥匙开门，也可以保证摄像头所需要的照度。可视对讲系统如图8-12所示。

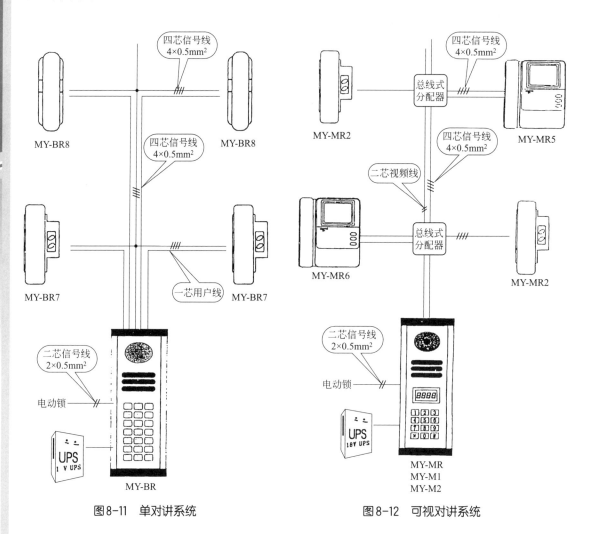

图8-11　单对讲系统　　　　　　　　图8-12　可视对讲系统

（3）智能型对讲系统

智能型对讲系统的室内机上增加了火灾报警器接口、可燃气体报警器接口、红外线报警器接口和紧急求救按钮，这样，对讲系统就成为具有防火、防盗、对讲、呼救等功能的综合系统。

在大型住宅楼系统中，一般都有管理人员值班，除了室内机外，还要设置管理员机和公共机，管理员可以通过管理员机了解人员的来访和出入情况，也可以呼叫住户，住户也可以呼叫管理员。公共机设在大厅内，供门卫人员或大厅内人员使用，可以与住户和管理中心通话。智能型对讲系统如图8-13所示。

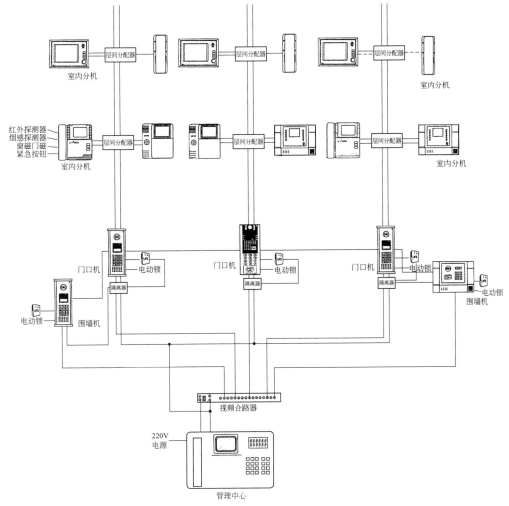

图 8-13　智能型对讲系统

8.3.2　系统操作说明

（1）单对讲操作

当有客人来访时，按门口机上面的房间号按钮，对应室内机发出呼叫声，房主人摘下话筒与来客对话，确认身份后，房主人按室内机上的开锁键，电磁门锁（图 8-14）释放，客人打开门进入，客人进门后，在关门器的作用下门自动关闭并锁住。从室内外出时，可以按电磁门锁上的开锁钮，电磁锁释放可以开门。房主人回家时，可以使用钥匙将门打开。

（2）可视对讲操作

当有客人来访时，在门口机上按下房号，此时 LCD 上显示"正在连线中"，同时在住户室内机上产生振铃声。当住户提机后与来客对话，同时在住户室内机上显示访客人像。在通话期间，其他住户室内机上有占线指示，并且其他住户无法监听。待房主人确认来客身份后，按下室内机上的开锁键即可打开电磁门。客人进门后，门自动关闭。室内机和门口机如图 8-15 所示。

图8-14　电磁门锁

图8-15　室内机和门口机

（3）免打扰操作

住户在室内机上设置免打扰状态，使免打扰指示灯亮。这时，若有访客来访，会在门口机LCD上显示"请勿打扰"字样，访客无法访问住户，使住户免受打扰。

（4）求救操作

住户在室内机上按红色求救按钮，室内机上立即响起求救声，同时，向本单元其他住户发出求救信号等待救援。在门口机上会显示发出求救信号的住户房号。

（5）响应求救、免求救操作

若住户响应其他住户发来的求救信号，则操作室内机上的设置按键，使求救指示灯灭，此时，若其他住户发出求救信号，本住户室内机上立即响起求救声。

若住户为避免打扰，不响应其他住户发来的求救信号，则操作室内机上的设置按键，使免求救指示灯亮即可，这时，不会产生求救声响。

8.4　停车场管理系统

停车场管理系统主要完成对进出停车场的车辆（无论是常客还是散客）进行身份识别和管理、收费。对常客而言，系统在识别检查时对其卡的有效期进行核对。凡在有效期内的卡，被允许进出停车场；非有效期内的卡，不放行或放行但报警。在不放行模式下，车辆被拒绝进出场；在放行但报警模式下，车辆允许进出场，但系统会产生一个报警信号，提示有过期卡进出场。对散客而言，系统自动发放临时卡，记录进场时间。出场时，依据进场记录和单价等数据计算停车费。系统中所有的事件均有记录存档，并可提供各种报表和查询功能。停车场管理系统原理图如图8-16所示。

8.4.1　系统组成

（1）车辆检测器

目前有两种典型的车辆出入检测方式，光电（红外线）检测方式和环形感应线圈检测方式。

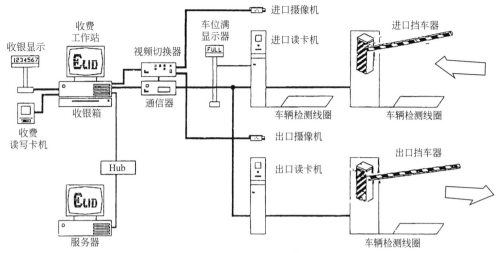

图 8-16　停车场管理系统原理图

　　① 光电（红外线）检测器。光电检测器安装在车道入口两旁，在水平方向上相对设置红外线发射和接收装置，没有车辆时接收机接收发射机发射的红外线，当车辆通过时，红外线被遮断，接收机即发出检测信号。

　　② 环形感应线圈（图 8-17）。环形感应线圈使用电缆或绝缘电线做成环形，埋在车路地下，当车辆驶过时，其金属车体使线圈发生短路效应而形成检测信号。

图 8-17　车辆检测器

（2）非接触式读卡器

　　读卡器对驾驶人员送入的卡片进行解读，入口控制器根据卡片上的信息，判断卡片是否有效。读卡器一般为非接触式读卡器。驾驶员可以离开读卡器一定距离刷卡。如果卡片有效，入口控制器将车辆进入的时间、卡的类别、编号及允许停车位置等信息储存在入口控制器的存储器，通过通信接口送到管理中心。此时自动挡车道闸升起，车辆放行。车辆驶过入口道闸，车辆触发感应线圈，道闸放下，阻止下一辆车进库。如果卡片无效，则禁止车辆驶入，并发出告警信号。读卡器有防潜回功能，防止用一张卡驶入多辆车辆。

　　停车库系统使用的卡片有以下几种。

　　① 月租卡。它是停车场管理系统授权发行的一种 IC 卡，由长期使用指定停车库的车主申请并经管理部门审核批准。该卡按月交纳停车费用，并在有效的时间内享受在该停车库停车的便利。

　　② 储值卡。它是停车场管理系统授权发行的一种 IC 卡，由经常使用指定停车库的车主申请并经管理部门审核批准。车主预先交纳一定数额的现金，这在卡中会有记录，车主使用该停车库时发生的费用从卡中扣除。在储值卡中根据所停放车辆的类型不同，分为 A、B、C 三类。

③临时卡。它是临时或持无效卡的车主到该停车库停车时的出入凭证。

图8-18　自动挡车栏杆

（3）自动挡车栏杆

自动挡车栏杆受入口控制器控制，入口控制器确认卡片有效后，自动挡车栏杆升起。车辆驶过，自动挡车栏杆放下。自动挡车栏杆有自动卸荷装置，方便手动操作。自动挡车栏杆还具有防砸车控制系统，能有效地防止因意外原因造成栏杆砸车事故。自动挡车栏杆受到意外冲击，会自动升起，以免损坏栏杆机和栏杆。自动挡车栏杆如图8-18所示。

（4）彩色摄像机

车辆进入停车场时，自动启动摄像机，摄像机记录下车辆外形、车牌号等信息，存储在电脑中，供识别用。

（5）车满显示系统

该系统的工作原理是，按车位上方的探测器检测信号，监测是否有空位，或利用车道上的检测器检测车辆进出车库的信号，加减得出车辆数再通过显示装置显示停车场内的情况。

（6）管理中心

停车场管理系统除通过系统控制器负责与出入口读卡器、临时卡发卡器通信外，同时还负责收集、处理停车场内车位的停车信息，以及负责对电子显示屏和满位显示屏发出相应的控制信号，负责对报表打印机发出相应的控制信号，同时完成车场数据采集下载，查询打印报表、统计分析、系统维护和固定卡发售功能。

8.4.2　系统工作流程

（1）临时车辆进入

临时车辆进入停车场时，设在车道下的车辆感应线圈检测车到，入口机发出有关语音提示，指导司机操作，同时启动读卡机操作。司机按取票键后，出票机即发出一张感应IC卡。司机在读卡区读卡，自动栏杆抬起放行车辆，同时现场控制器将记录本车入场日期、时间、卡片编号、进场序号等有关信息，并上传至管理主机，车辆通过后栏杆自动放下。

（2）固定车辆进入

固定车辆进入停车场时，设在车道下的车辆感应线圈检测车到，启动读卡器工作。司机将卡在读卡器前掠过，读卡器读取该卡的特征和有关信息，判断其有效性。同时，摄像机摄录该车图像，并依据卡号，存入电脑的数据库中。若有效，自动栏杆放行车辆，车辆通过后栏杆自动放下。若无效，入口控制机的显示屏提示车主月租卡超期或储值卡的余额不足等原因，要求车主使用临时卡。固定停车户可以使用系统提供的不同类型的卡片。

（3）临时车辆驶出

临时车辆驶出停车场时，在出口处，司机将临时卡交给收费员，收费计算机自动调出入口图像人工对比，并自动计费，通过收费显示牌提示司机交费。收费员收费后，升起挡车栏杆放行车辆。车辆通过后，栏杆自动放下，同时收费计算机将该记录存到交费数据库中。

（4）固定车辆驶出

固定车辆驶出停车场时，在出口处，司机拿卡在读卡器前读卡，此时读卡器读取该卡的特征和有关信息，判别其有效性。若有效，自动栏杆自动抬起放行，车辆驶出后，栏杆自动落下。若无效，进行语音提示，不允许放行。

8.5　电子巡更系统

电子巡更系统可以提高各类巡逻工作的规范化及科学管理水平，杜绝了对巡逻人员无法科学、准确考核监控的现象，有效地保障了井然有序的工作流程。

在住宅小区和智能楼宇内设置电子巡更系统，可以实现不留任何死角的安全防范。

8.5.1　电子巡更系统简介

电子巡更系统就是在指定的巡逻路线上设置巡更站点，安装巡更按钮或读卡器，保安人员要按照规定的时间、规定的路线完成巡逻任务。保安人员每到达一个巡更点，必须按下巡更信号箱按钮，或使用刷卡机刷卡，向控制中心报告。如果在规定的时间和路线上没有接收到巡更点发出的信息，就说明巡逻人员或巡逻位置出现情况，系统将认为异常，迅速通知有关部门和人员，及时作出反应。

电子巡更系统还可以帮助管理人员分析巡逻人员的工作表现。管理人员可以随时在电脑中查询、打印保安巡更人员的工作情况，加强对保安人员的保护和管理。

8.5.2　电子巡更系统的分类

电子巡更系统一般分为在线巡更和离线巡更两大类。

（1）在线电子巡更系统

在线电子巡更系统需要在一定的范围内进行综合布线，把巡更巡检器（数据识读器）设置在巡更巡检点上，再用总线连接到控制中心的电脑上。保安人员根据要求的时间，沿指定路线巡逻。到达每个巡检点，保安人员触发巡更点开关或用数据卡在数据识读器上识读。保安人员到达日期、时间、地点等相关信息实时传到控制中心的电脑上并记录保存下来。管理人员可随时查询巡更记录，也可按月、季等方式查询巡更记录。

在线电子巡更系统可以对巡更情况进行实时管理，但缺点是室外安装传输线路易遭人破坏，容易受温度、湿度、布线范围的影响，成本较高，安装维护麻烦。在线巡更系统如图8-19所示。

（2）离线电子巡更系统

离线电子巡更系统无需布线，只要设置好巡检点，先将信息钮安装在巡检点上。保安人员根据要求的时间、沿指定路线巡逻，用巡更棒逐个阅读沿路的信息钮，便可记录信息钮数据、巡更员到达日期、时间、地点等相关信息。保安人员巡逻结束后，将巡更棒通过通信座与电脑连接，将巡更棒中的数据输送到控制中心的电脑中。巡更棒在数据输送完毕后自动消零，以备下次再用。管理人员可随时查询巡更记录，也可按月、季等方式查询巡更记录。巡更棒、信息钮如图8-20所示。

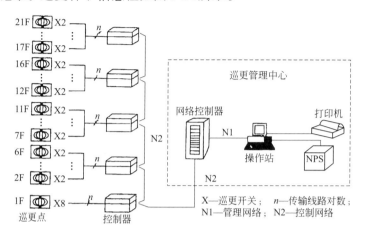

图8-19 在线巡更系统

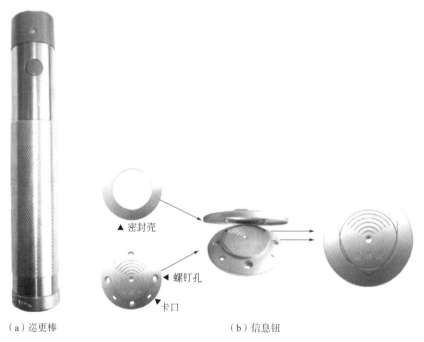

（a）巡更棒　　　　　　　　　（b）信息钮

图8-20 巡更棒、信息钮

离线电子巡更系统无需布线，安装简单，操作方便可靠，不受温度、湿度的影响，系统扩容、线路变更容易且成本低，不宜被破坏，系统安装维护方便。离线电子巡更系统如图8-21所示。

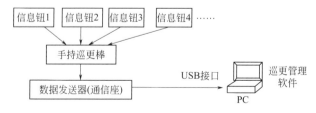

图8-21 离线巡更系统

第9章

住宅小区智能化通信、广播电视系统

高档住宅小区都有智能化通信、广播电视系统等设施，了解并学会这些连接控制系统也是很有必要的，这样才能在家装电工行业中更熟练地掌握接线操作。

9.1 电话系统

电话系统是一对一的，两部电话要想通话，就必须拥有唯一的一条电话线。因此电话系统中导线的数量非常多，有一部电话机就必须有一条电话线。

与电话机连接的是电话交换机。如果与交换机连接的是一个小的内部系统，这台交换机被称为总机，与它连接的电话机被称为分机。要拨打分机需要先拨总机号，再拨分机号。

交换机之间的线路是公用线路，由于各部电话不会都同时使用线路，因此公用线路的数量要比电话机的门数少得多，一般只有电话机门数的10%左右。由于这些线路是公用的，就会出现没有空闲线路的情况，这就是占线。

如果建筑物内没有交换机，那么进入建筑物的就是直接连接各部电话机的线路，建筑物内有多少部电话机，就需要有多少条线路引入。电话系统图如图9-1所示。

9.1.1 电话通信线路的组成

电话通信线路从进户管线一直到用户出线口，一般由进户管线、交接设备或总配线设备、上升电缆管线、楼层电缆管线和配线设备等几部分组成。

（1）进户管线

进户管线又分为地下进户和外墙进户两种方式。

① 地下进户。这种方式是为了美观要求而将管线转入地下。如果建筑物设有地下层，地下进户管直接进入地下层，采用进户直管。如果建筑物没有地下层，地下进户管

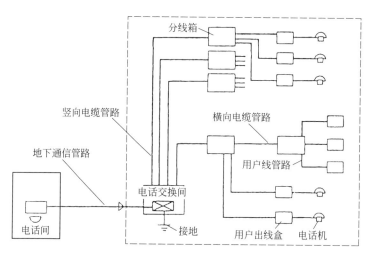

图9-1 电话系统原理图

只能直接引入设在底层的配线设备间或分线箱，这时采用进户弯管。

② 外墙进户。这种方式是在建筑物2层预埋进户管至配线设备间或配线箱内。适合于架空或挂墙的电缆进线。

（2）交接设备或总配线设备

交接设备或总配线设备是引入电缆进户后的终端设备，有设置与不设置用户交换机两种情况。如设置用户交换机，则采用总配线箱或总配线架；如不设用户交换机，则常用交接箱或交接间。交接设备宜装在建筑物的一、二层，如有地下室，且较干燥、通风，也可考虑设置在地下室。

（3）上升电缆管路

上升电缆管路有上升管路、上升房和竖井三种类型。

（4）配线设备

配线设备包括电缆、电缆接头箱、过路箱、分线箱（盒）、用户出线盒等。

9.1.2 系统使用的器材

（1）电缆

电话系统的干线使用电话电缆，室外埋地敷设用铠装电缆，架空敷设用钢丝绳悬挂电缆或自带钢丝绳的电缆，室内使用普通电缆。常用电缆有HYA型综合护层塑料绝缘电缆和HPVV铜芯全聚氯乙烯电缆。电缆的对数从5对到2400对，线芯直径为0.5mm、0.4mm。

（2）电话线

电话线是连接用户电话机的导线，通常是RVB型塑料并行软导线或RVS型双绞线，要求高的系统用HPW型并行线。

（3）分线箱

电话系统干线电缆与进户连接要使用电话分线箱。电话分线箱按要求安装在需要分线的位置，建筑物内的分线箱暗装在楼道中，高层建筑安装在电缆竖井中，分线箱的规格为10对、20对、30对等，可按需要选用。

（4）用户出线盒

室内用户安装暗装用户出线盒，出线盒面板规格与开关插座面板规格相同，其外形如图9-2所示。用户室内可用RVB导线连接电话机接线盒。出线盒面板分为单插座和双插座，面板上为通信设备专用插座，要使用专用插头与之连接。使用插座型面板时，线路导线直接接在面板背面的接线螺钉上。

（a）正面

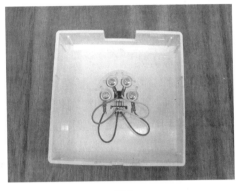
（b）背面

图9-2 用户出线盒

9.2 公共广播系统

公共广播系统通常设置于公众场所，平时播放背景音乐，一般采用自动循环播放；发生事故时，兼作事故广播用，指挥引导疏散。

公共广播系统包括背景音乐系统和紧急广播系统。

9.2.1 公共广播系统的特点

公共广播的服务区域比较广，传输距离比较长，所以为了减少功率传输损耗，采用与歌舞厅、音乐厅等的厅堂扩声系统不同的传输方式。

公共广播系统的播音室和区域一般是分开的，即传声器和扬声器不在同一个房间内，所以在设计公共广播系统时，不用考虑声音的反馈。

9.2.2 公共广播系统的分类

（1）业务性广播系统

这种类型的广播系统是以行政管理和业务为主的公共广播系统，以语言广播为主，主要用于工厂、办公楼、学校、车站、客运码头等建筑物，一般由行政部门负责管理。

（2）服务性广播系统

此种类型的广播系统主要以欣赏音乐或背景音乐为主题的广播，主要应用在一些服务性的场所，如星级宾馆、公寓、写字楼等。

（3）火灾事故广播系统

火灾事故广播是为适应在发生火灾时引导人员疏散的要求。通常情况下，背景音乐广播系统可以与火灾紧急广播系统合用，但是如果合用，则在系统设计时应该按照火灾事故广播的要求确定系统。

9.2.3　公共广播系统的传输方式

公共广播系统按传输方式，可以分为音频传输和载波传输两种方式。

（1）音频传输方式

音频传输又称直接传输，但是与歌舞厅、会场等的直接传输方式不同。音频传输方式比较常用的有两种，定压式和终端带功放的有源方式。

定压式是采用有线广播中常用的定压配接方式进行传输的。它的传输原理和常见的强电的高压传输原理相似，主要是为了减少远距离传输时大电流传输引起的损耗增加，采用变压器升压，以高压小电流传输，然后在接收端用变压器降压相匹配，从而减少功率传输的损耗。每个终端由线间变压器和扬声器组成。

音频传输的另一种方式是终端带功率放大器的形式，这种方式也称为有源终端方式或低阻输出音频方式。这种方式的传输思路就是将控制中心的大功率放大器的放大部分分解成小的功率放大器，分散到各个终端去，这样可以解除控制中心的能量负担，又避免了大功率远距离传输带来的损耗。

在实际设计的工程中，终端放大器的供电建议由中心统一控制，信号线和电源线可以在同一个线管中进行敷设，不会产生干扰，也可以采用就近供电的方式进行解决。

（2）载波传输方式

载波传输方式是将音频信号经过调制器调制成高频载波，经电缆传输到各个用户终端，并在终端进行解调还原成声音信号。由于现在的智能大厦中都有有线电视线路，所以一般利用有线电视的同轴电缆进行载波传输，这种在宾馆饭店中应用比较普遍。

这种系统的特点是通过与CATV（有线电视）系统的共用，从而使广播线路的费用节省、施工简单、维修方便，但是一般适用于客房中的播放，不适用于公共区域的播放。由于每人房间的床头均需要一台调频接收设备，所以工程造价较高，维修费用也较高。

9.3　有线电视系统

有线电视也叫电缆电视，简称CATV，它是相对于无线电视而言的一种新型广播电视传播方式，是从无线电视发展而来的。有线电视较之无线电视具有容量大、节目套数多、图像质量高、不受无线电视频道拥挤和干扰的限制，又有开展多功能服务的优势，深受广大用户的欢迎。

9.3.1　有线电视系统的组成

有线电视系统原理图如图9-3所示。有线电视系统主要由三部分组成，即前端信号源接收与前端设备系统、干线传输系统和分配系统组成。

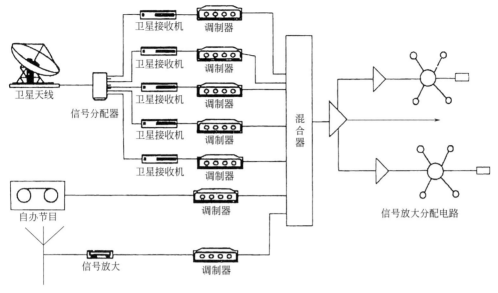

图9-3　有线电视系统原理图

（1）前端系统

前端系统是有线电视系统最重要的组成部分之一，这是因为前端信号质量不好，则后面其他部分是难以补救的。

前端系统主要功能是进行信号的接收和处理。这种处理包括信号的接收、放大、信号频率的配置、信号电子的控制、干扰信号的抑制、信号频谱分量的控制、信号的编码等。对于交互式电视系统还要有加密装置和PC管理，调制解调设备等。

（2）干线传输系统

干线传输系统的功能是控制信号传输过程中的衰变程度。干线放大器的增益应正好抵消电缆的衰减，既不放大也不减小。

干线设备除了干线放大器外，还有电源，电流通过型分支器、分配器，干线电视电缆等。对于长距离传输的干线系统还要采用光缆传输设备，即光发射机、光分波器、光合波器、光接收机、光缆等。

（3）分配系统

分配系统的功能是将电视信号通过电缆分配到每个用户，在分配过程中需保证每个用户的信号质量，即用户能选择到所需要的频道和准确无误地解密或解码。对于双向电缆电视还需要将上行信号正确地传输到前端。

分配系统的主要设备有分配放大器、分支分配器、用户终端和机上变换器。对于双向电缆电视系统还有调制解调器和数据终端等设备。

9.3.2　有线电视使用的器材

（1）光缆与电缆

光缆与电缆均是有线电视系统的主要传输线，目前主要采用光缆与电缆混合传输的有线电视系统。

（2）分支器

分支器通常用于较高电平的馈电干线中，它能以较小的插入损耗从干线取出部分信号供给住宅楼或用户，即通过分支器将电视信号中一小部分从分支端输出，大部分功率继续沿干线传输。分支器的外形和原理图如图9-4所示。按支路数的不同，分支器有一分支器、二分支器、三分支器和四分支器等多种。

(a) 外形

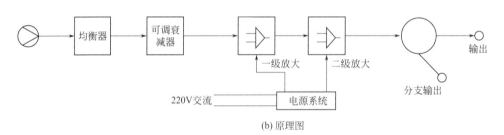

(b) 原理图

图9-4　分支器的外形和原理图

（3）分配器

分配器把主路信号分成两路和多路电平相等的支路输出，所以分配器是在干线和支线的末端。分配器的外形和原理图如图9-5所示。分配器有二分配器、三分配器、四分配器等多种。

(a) 外形

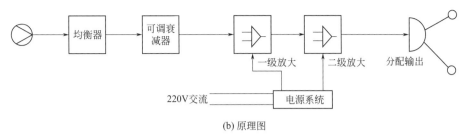

(b) 原理图

图9-5 分配器的外形和原理图

（4）用户终端盒

用户终端盒是有线电视系统与用户电视机相连的部件，如图9-6所示。用户终端盒上只有一个进线口，一个用户插座。用户插座有时是两个插口，其中一个输出电视信号，接用户电视机；另一个是FM接口，用来接调频收音机。

图9-6 用户终端盒

9.4 数字电视系统

数字电视系统是一项全新的电视服务，一种新型的传播方式。数字电视是与模拟电视相对应的一个概念，它通过抽样、量化和编码将模拟电视信号数字化，用户可通过机顶盒利用现有的有线电视网络收看数字电视系统播出的数字电视节目。

数字电视与模拟电视相比，其优点如下。

① 节目和频道更丰富。使用数字压缩技术，可在不影响信号质量的前提下更充分地利用频道资源，频道数可增至原有的6～8倍。

② 电视频道更加专业化、个性化。数字电视平台使付费电视成为可能，因此会逐渐涌现出独立的、全天候的专业频道，如电影、时装、汽车、房产、MTV、体育、游戏等，可极大程度地满足不同人群的个性化需要。

③ 采用数字技术对节目进行处理、传输和存储，可使图像更清晰、音质更好。用户可通过机顶盒在普通电视机上欣赏到DVD视频效果、CD音频效果的标准清晰度电视节目，数字音频节目可直接进入家庭音响，声音更逼真。

④ 功能极大丰富。数字电视能开展许多新的增值服务，如电子节目菜单用遥控器就能查询节目、预定节目和选择节目。

⑤ 数字电视将呈现出与计算机、计算机网络融合的趋势，可提供更多样化的服务。数字电视不但可收看传统形式的节目，还可以浏览网页、炒股、发送邮件、享受远程教育和电视购物等。

9.5 视频点播系统

9.5.1 视频点播系统简介

视频点播简称VOD，用户通过自己的VOD终端，向就近的VOD业务接入点发起通信呼叫，要求使用VOD业务，经VOD业务上行通路（如计算机网、电信网、有线电视网等）向视频服务器发出请求。系统迅速作出反应，在用户的电视屏幕上显示点播单，并对用户信息进行审核，判定用户身份。用户根据点播单作出选择，要求播放某个节目，系统则根据审核结果，决定是否提供相应的服务。在较短的时间间隔内向指定的设备播放所要求的节目，并随时准备响应新的请求。

9.5.2 视频点播系统的组成

视频点播系统由前端处理系统、控制管理系统、ATM数字宽带交换系统、传输系统和用户设备等几部分组成。

（1）前端处理系统

前端处理系统一般由视频服务器、磁盘阵列、节目数据库、播控系统等构成。视频服务器保存着大量经压缩的图像节目并能通过网络为用户提供所需的节目复件，也可以通过实时的MPEG编码器来进行实况转播。节目数据库是一个存档系统，保存着大量压缩格式的电影节目，可成批下载给视频服务器。VOD视频服务器通过与用户之间的实时双向交互控制节目的播放，包括节目的选择、播放过程的开始与终止、播放速度的控制以及不同节目之间的动态切换等。

（2）控制管理系统

控制管理系统是一个传输网络，用于管理用户到VOD视频服务器的连接。

（3）ATM数字宽带交换系统

交互式VOD系统的服务器、网络、存取设备和用户设备等都能运行于多种类型的视频压缩模式和不同带宽要求的环境中。视频服务器可根据用户的要求把用户点播的节目从视频库中取出，并通过ATM网络传送给用户。

（4）传输系统

传输系统由干线传输系统和分配系统组成，作用是将来自VOD视频服务器及其他信号源的信息送至用户并回送用户的反向信息。干线传输系统可以有光缆、同轴电缆和无线传输等实现方式供选择；分配系统有光缆、导线、混合光缆同轴电缆和无线等实现方式。

（5）用户设备

用户设备包括电视机、录像机、机顶盒及遥控器等。

机顶盒的基本功能是对MPEG信号解码并与普通电视机接口，还有条件接入（编码）、口令控制、智能卡和信用卡阅读等其他功能。普通性能的机顶盒只有有限的用户接口和处理能力；较高性能的机顶盒，具有高性能的处理平台，可提供图形用户接口、语音识别、动画和游戏等。

家装电工安全用电

10.1 电流对人体的危害

当通过人体的电流交流超过25mA或直流超过80mA时，会使人感觉麻痛或剧痛、呼吸困难、自己不能摆脱电源，有生命危险。当有100mA的工频电流通过人体时，很短时间就会使人呼吸窒息、心脏停止跳动、失去知觉，出现生命危险。

10.2 家装电工应采取的安全措施

为了保障人身安全和电气设备的正常运行，装饰装修电工在安装和使用电气设备时，一定要遵守安全操作规程，掌握必要的安全常识，并在工作中采取一定的安全措施，确保人身和电气设备安全。

① 各种安装运行的电气设备，必须按电气设备接地的范围对设备的金属外壳采取接地或接零措施，以确保人身安全。

② 安装的电源开关，在断电时，必须能够断开与负载串接的保险，可靠切断电气设备的电源，开关上电源进线与接到负载的出线不得倒装。

③ 电源插座不允许安装得过低和安装在潮湿的地方，安装三眼插座时中间的接地插孔要单独架装保护线，插座电源必须按"左零右火"接通电源。

④ 所有安装的电灯相线，均需进入开关进行控制。

⑤ 室内布线不允许使用裸线和绝缘不合格的电线。电源线禁止使用电话线代替。电线截面必须能承受最大负载电流，绝缘性良好。

⑥ 电气设备的熔丝（保险丝）要与该设备的额定工作电流相适应，不能配装过大电流的熔丝，更不能用其他金属丝随意代用。闸刀开关的保险丝，要用保护罩保护。30A以上的

保险丝需装入保险管内，或用石棉板等耐热的绝缘材料隔离，以防止弧光短路发生烧伤事故。

⑦ 临时架设的线路及移动电气设备的绝缘必须良好，使用完毕要及时拆除。

⑧ 在施工中，使用电动机械和工具时，应装开关插座，露天使用的开关、闸刀及电表应有防雨措施。

⑨ 在施工过程中，电动机械、电气设备的照明因工作需要拆除后，不应留有可能带电的电线。如果电线必须保留，应切断电源，并将裸露的电线端部包上绝缘布带。

⑩ 在施工现场中，不允许带电推拉、移动电焊机等电气设备。如工作需要应断电后再移动。

⑪ 如发现带电电线断落在水中，绝不可用手去触及带电体，应立即断电，用绝缘工具把带电体移开处理。

10.3　家装电工安全用电常识

装饰装修电工在进行电气操作时必须按规程进行，必须具备有关安全知识，在工作中采取必要的安全措施，确保人身安全和电气设备正常运行。为此必须做到以下几点。

① 维修电工人员在安装配电设备中，必须把电源引入线装配在该配电设备的总闸刀、总开关或总电源的上桩头，故在拉下单元配电设备总开关时，即可断开以下所有保险及用电设备的电源。不得使闸刀上的电源在安装时倒装。

② 平时不要乱拉220V的临时灯。

③ 电源插座不要安装得过低，平时要防止受潮。

④ 安装电灯时相线需经过开关。

⑤ 经常对电气设备进行检查，发现电气设备某处烧坏或绝缘电阻很低时，应及时处理。

⑥ 电器设备配接的熔丝要适当，不能配得过大，更不能用其他金属丝随意作为保险丝使用。

⑦ 室内布线不能使用裸线和绝缘不符合要求的电线。

⑧ 电线截面必须按最大负载电流选择。

10.4　触电的几种情况

名　称	图　示	说　明
单相触电	电扇外壳漏电	电线破损、导线金属部分外露、导线或电气设备受潮等原因使其绝缘部分的性能降低，而导致站在地上的人体直接或间接地与火线接触，这时电流就通过人体流入大地而发生单相触电事故

名　称	图　示	说　明
双相触电		人体同时接触两根线或同时接触零线和相线，这时就有电流通过人体，发生双相触电事故。这类事故多发生在带电检修或安装电气设备时
跨步电压触电		当高压电线断落在地面时，电流就会从电线的着地点向四周扩散。这时如果人站在高压电线着地点附近，人的两脚之间就会有电压，并有电流通过人体造成触电。这种触电称为跨步电压触电

10.5　安全用电注意事项

注意事项	图　示	注意事项	图　示
禁止使用一线一地		电线上禁止晒衣服	

注意 事项	图　　示	注意 事项	图　　示
不　准 私拉乱 接电线		电　视 天线不 要触及 电线	
不　准 用铜丝 或铁丝 代替保 险丝	铜丝 	使　用 电钻必 须戴绝 缘手套	
同　一 个插座 上不允 许接插 多个大 功率用 电器		接　线 桩头不 可外露	
火　线 必须进 开关	火线 零线 	维　修 电源开 关应挂 警示牌	禁止合闸 有人工作
按　正 确方法 拔电源 插头	不正确 正确 	临　时 线路要 架高	

注意事项	图　示	注意事项	图　示
及时维修绝缘损坏的电器		螺口灯头的铜舌头必须接火线	零线　　火线
带电操作时应正确接线	火线　接线时 中性线 火线　剪线时 中性线	电气设备应有接地保护装置	熔丝 接地体

10.6　电工常用安全工具

名　称	图　示	用　途
绝缘棒	手握部分　护环　工作部分　绝缘部分	用来闭合或断开高压隔离开关、跌落保险，也可用来安装和拆除临时接地线以及用于测量和试验工作
10kV绝缘夹钳	护环 手握部分　绝缘部分　工作部分	用来安装高压熔断器或进行其他需要有夹持力的电气作业时的一种常用工具

名　　称	图　　示	用　　途
遮栏	止步 高压危险　止步 高压危险	提醒工作人员或非工作人员注意的事项
警示牌	高压 生命危险！　止步 生命危险！　站住 生命危险！ 切勿触及 生命危险　禁止合闸 有人工作　在此 工作 禁止合闸 有人在线路上工作　由此 攀登 切勿攀登 生命危险　已接地	提醒人们注意，以防发生事故
绝缘橡胶垫		带电操作时用来作为与地绝缘的工具
绝缘站台		绝缘站台在任何电压等级的电力装置中带电工作时使用，多用于变电所和配电室
绝缘手套		用于在高压电气设备上进行操作
绝缘鞋、靴		进行高压操作时用来与地保持绝缘

续表

名　称	图　示	用　途
携带型接地线	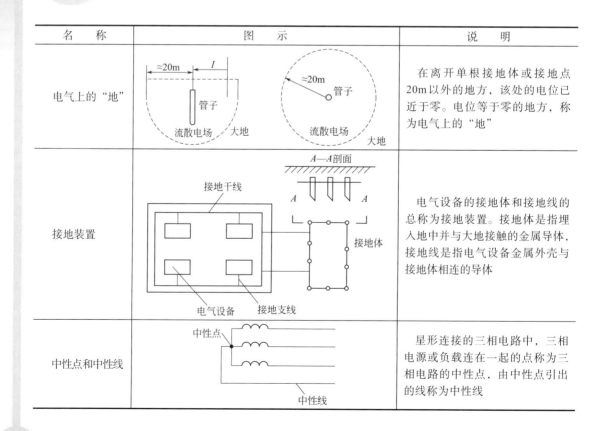	用来防止向已停电检修设备送电或产生感应电压而危及检修人员的生命安全
护目镜		防止眼睛受强光刺射

10.7　接地和接零

名　称	图　示	说　明
电气上的"地"		在离开单根接地体或接地点20m以外的地方，该处的电位已近于零。电位等于零的地方，称为电气上的"地"
接地装置		电气设备的接地体和接地线的总称为接地装置。接地体是指埋入地中并与大地接触的金属导体，接地线是指电气设备金属外壳与接地体相连的导体
中性点和中性线		星形连接的三相电路中，三相电源或负载连在一起的点称为三相电路的中性点，由中性点引出的线称为中性线

名　称	图　示	说　明
零点和零线	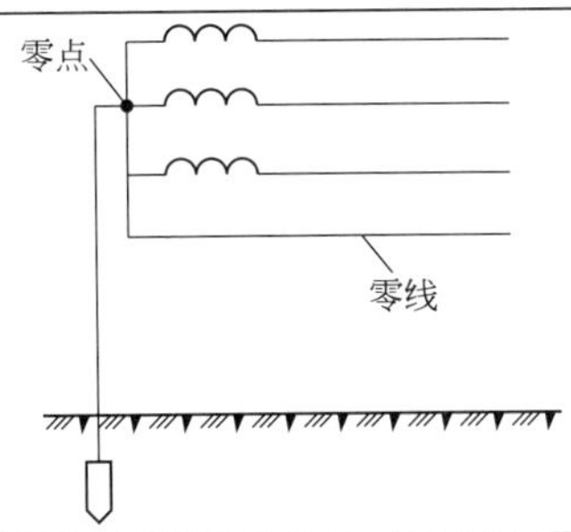	当三相电路中性点接地时，该中性点称为零点，由零点引出的线称为零线
保护接地的原理及其应用范围	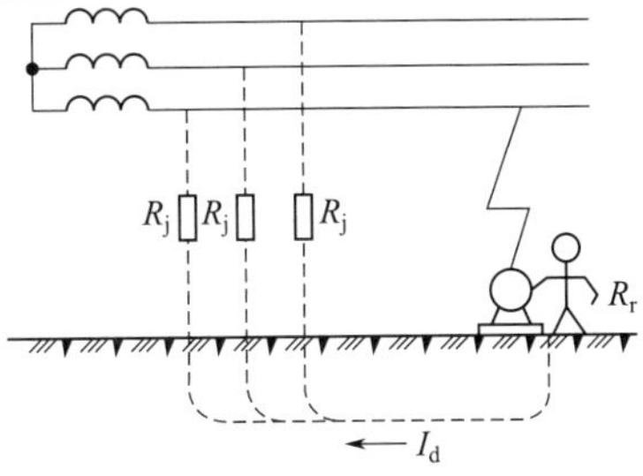 (a) 未加保护接地 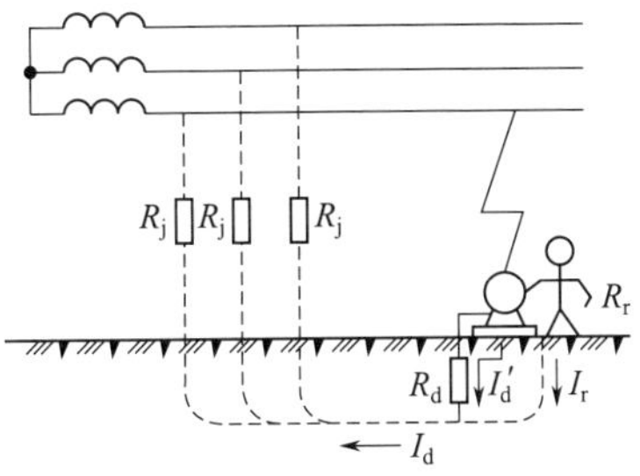 (b) 有保护接地	当电气设备不接地时，如图（a）所示，若绝缘损坏，一相电源碰壳，电流经人体电阻R_r、大地和线路对地绝缘等效电阻R_j构成回路，若线路绝缘损坏，电阻R_j的阻值变小，流过人体的电流增大，便会触电；当电气设备接地时，如图（b）所示，虽有一相电源碰壳，但由于人体电阻R_r的阻值远大于接地电阻R_d的阻值，所以通过人体的电流I_r极小，流过接地装置的电流I_d则很大，从而保证了人体安全。保护接地适用于中性点不接地的低压电网。在这种电网中，凡由于绝缘损坏或其他原因而可能出现危险的金属部分，如变压器、电动机、电器、照明器具的外壳和底座，配电装置的金属构架，以及配电线的钢管和电缆的金属外壳等，一般均应接地
保护接零的原理及其应用范围	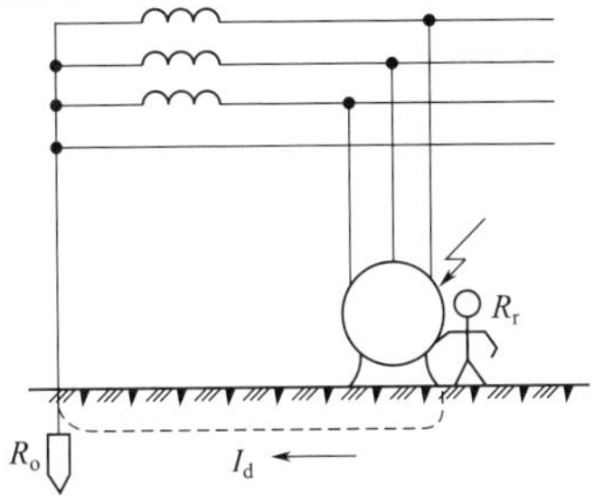 (a) 未接零 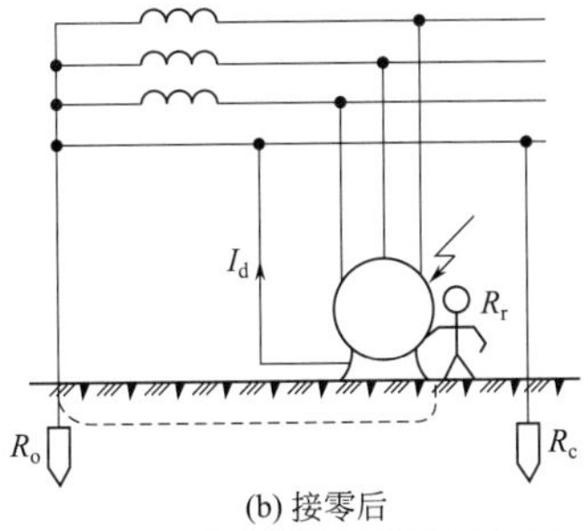 (b) 接零后	如图（b）所示，当一相绝缘损坏碰壳时，由于外壳与零线连通，形成该相对零线的单相短路，短路电流使线路上的保护装置（如熔断器、低压断路器等）迅速动作，切断电源，消除触电危险。对未接零设备，对地短路电流不一定能使线路保护装置迅速可靠动作，如图（a）所示，容易造成事故。保护接零适用于低压中性点直接接地，电压220/380V的三相四线制电网。在这种电网中，凡由于绝缘损坏或其他原因而可能出现危险电压的金属部分，一般均应接零

10.8 接地的分类

名　称	图　示	说　明
工作接地		为保证用电设备安全运行，将电力系统中的变压器低压侧中性点接地，称为工作接地
保护接地		将电动机、变压器等电气设备的金属外壳及与外壳相连的金属构架通过接地装置与大地连接起来，称为保护接地。保护接地适用于中性点不接地的低压电网
重复接地		三相四线制的零线在多于一处经接地装置与大地再次连接的情况称为重复接地。对1kV以下的接零系统，重复接地的接地电阻应不大于10Ω
防雷接地		为了防止电气设备和建筑物因遭受雷击而受损，将避雷针、避雷线、避雷器等防雷设备进行接地，称为防雷接地

续表

名　　称	图　　示	说　　明
共同接地	 中性线　　　接地干线 U V W M 3~ 共同接地	在接地保护系统中，将接地干线或分支线多点与接地装置连接，称为共同接地
其他接地	—	为了消除雷击或过电压的危险影响而设置的接地称为过电压保护接地。为了消除生产过程中产生的静电而设置的接地称为防静电接地。为了防止电磁感应而对电力设备的金属外壳、屏蔽罩、屏蔽线的外皮或建筑物金属屏蔽体等进行的接地称为屏蔽接地

10.9　接地装置和接零装置的安全要求

序　号	要　　求
1	导电的连续性。必须保证电气设备至接地体之间或电气设备之间导电的连续性，不能有脱节现象
2	连接可靠。接地装置之间的连接应采用焊接和压接。不能采用焊接和压接时，可采用螺栓或卡箍连接，但必须保持接触良好。在有振动的地方应采取防松措施
3	要有足够的机械强度。为了保证足够的机械强度，并考虑到防腐蚀的要求，钢接地线、接零线和接地体的最小尺寸和铜、铝零线和接地线的最小尺寸分别见表10-1、表10-2。铜、铝接零线和接地线只能用于低压电气设备地面上的外露部分，地下部分不得使用。携带式设备因经常移动，其接地线或接零线应采用0.75～1.5mm²以上的多股软铜线
4	要有足够的导电能力和热稳定性。采用保护接零时，零线应有足够的导电能力。在不利用自然导线的情况下，保护零线导电能力最好不低于相线的1/2。对于接地短路电流系统的接地装置，应校对发生单相接地短路时的热稳定性
5	防止机械损伤。接地线或接零线尽量安装在人不易接触到的地方，以免意外损坏；但又必须是在明显处，以便于检查
6	防腐蚀。为了防止腐蚀，钢制接地装置最好镀锌，焊接处涂沥青防腐。明敷设的裸接地线和接零线可以涂漆防腐
7	要有适当的埋设深度。为了减小自然因素对接地电阻的影响，接地体上端埋设深度一般不应小于0.6m，并应在冻土层以下

表10-1 钢接零线、接地线和接地体的最小尺寸

材料种类	地 上		地 下
	屋 内	屋 外	
圆钢直径/mm	5	6	3
扁钢截面/mm²	24	48	48
扁钢厚度/mm	3	4	4
角钢厚度/mm	2	2.5	4
钢管管壁厚度/mm	2.5	2.5	3.5

表10-2 铜、铝接零线和接地线的最小尺寸

材料种类	铜/mm²	铝/mm²
明设的裸导体	4	6
绝缘导体	1.5	2.5
电缆接地芯或与相线包在同一保护外壳内的多芯导线的接地芯	1	1.5

10.10 采用保护接零时的注意事项

注 意 事 项	图 示
严格防止零线断线。为了严防零线断开，在零线上不允许单独装设开关和熔断器。若采用自动开关，只有当过电流脱扣器动作后同时切断相线时，才允许在零线上装设电流脱扣器	错误
严防接零和接地同时混用。在同一接零保护系统中，如果有的设备不接零而接地，将使这一系统内的所有设备都呈现危险电压U。必须把这一系统内的所有电气设备的外壳与零线连接起来，构成一个零线网络，才能确保接零设备的安全	个别设备不接零的危险

注　意　事　项	图　　　示
严防中性点接地线断开。接零系统中任何一点接地线碰壳都会导致接在零线上的电气设备出现近于相电压的对地电压，这对人体是十分危险的	 采用保护接零时，中性点不接地的危险
严禁电气设备外壳的保护零线串联，应分别接零线	 错误
单相用电设备的工作零线和保护零线必须分开设置，不准共用一根零线	 错误
为了安全，系统中的零线应重复接地。例如，架空线路每隔1km处、分支端、电源进户处及重要的设备，均应重复接地	 有重复接地的接零

10.11 接地装置的安装

10.11.1 接地体的埋设

图　例	说　明
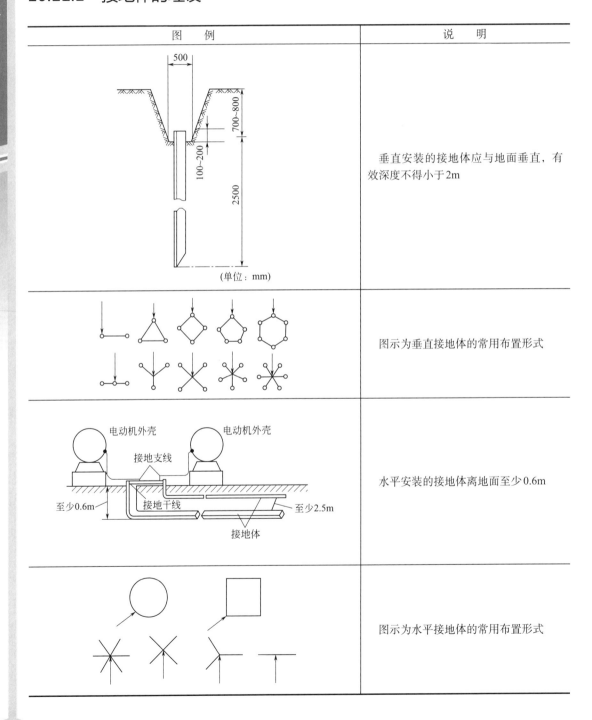	垂直安装的接地体应与地面垂直，有效深度不得小于2m
	图示为垂直接地体的常用布置形式
	水平安装的接地体离地面至少0.6m
	图示为水平接地体的常用布置形式

续表

图　　例	说　　明
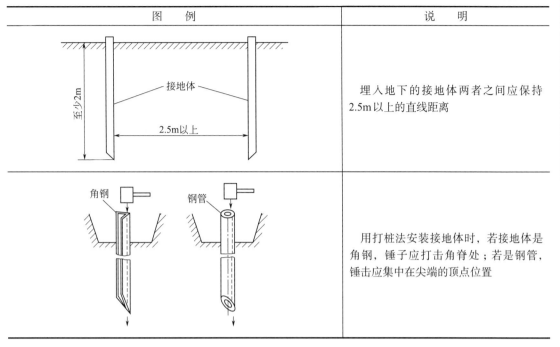	埋入地下的接地体两者之间应保持2.5m以上的直线距离
	用打桩法安装接地体时，若接地体是角钢，锤子应打击角脊处；若是钢管，锤击应集中在尖端的顶点位置

10.11.2　接地线的安装

名　　称	图　　示
接地线一般采用扁钢或圆钢，与接地体连接处应采用焊接并加镶块，以增大焊接面积	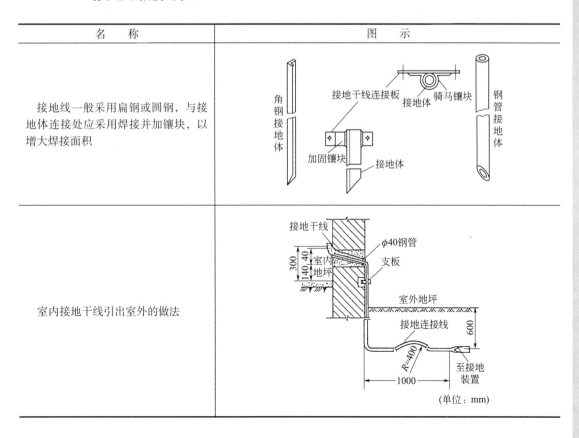
室内接地干线引出室外的做法	

名　称	图　示
室外接地干线引入室内的做法	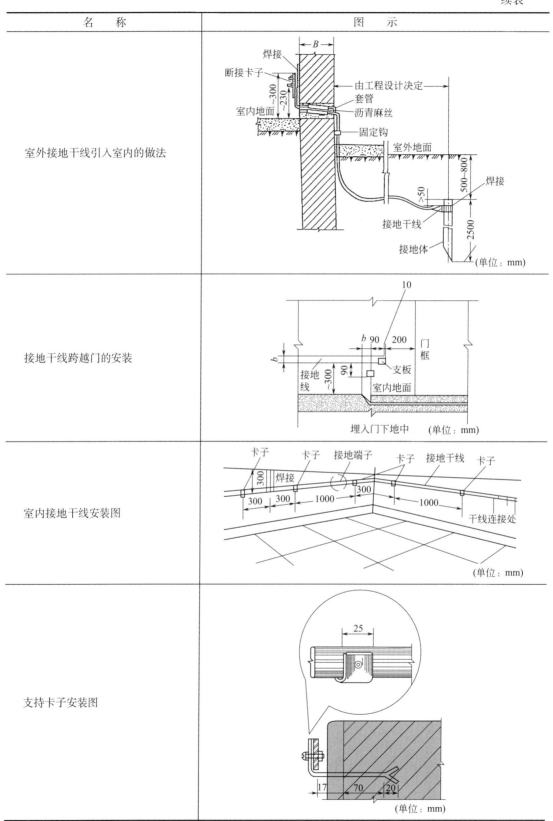
接地干线跨越门的安装	
室内接地干线安装图	
支持卡子安装图	

名　　称	图　示
接地端子图	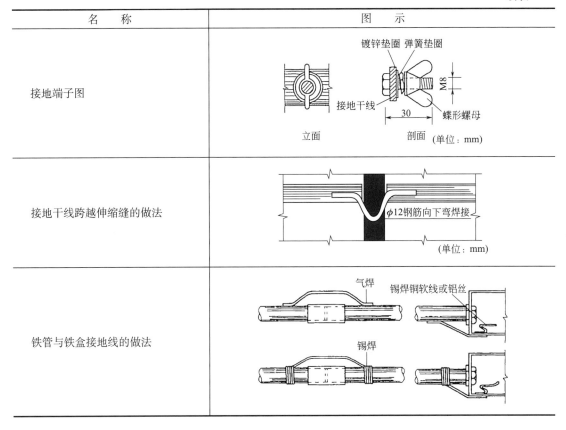
接地干线跨越伸缩缝的做法	
铁管与铁盒接地线的做法	

10.12　电气设备接地或接零实例

名　　称	图　示
变压器外壳接地	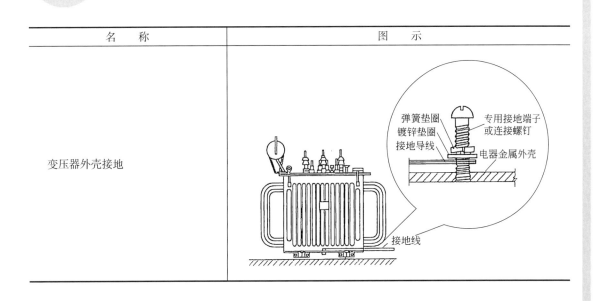

名　称	图　示
电动机外壳接地或接零	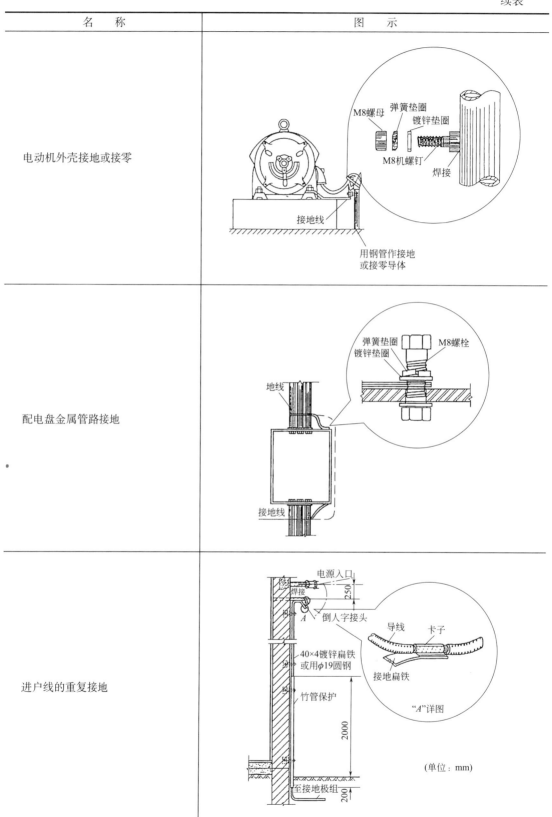
配电盘金属管路接地	
进户线的重复接地	

名　　称	图　示
架空线路分支接零系统重复接地	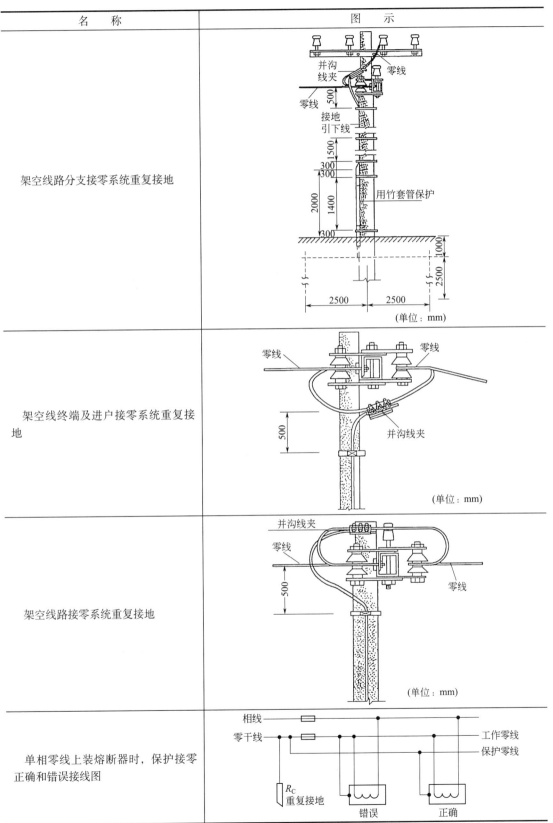
架空线终端及进户接零系统重复接地	
架空线路接零系统重复接地	
单相零线上装熔断器时，保护接零正确和错误接线图	

续表

名　　称	图　　示
单相三眼插座的正、误接线图	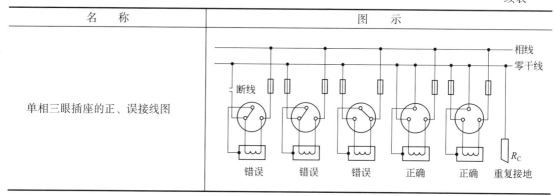

10.13　防雷装置的安装与防雷保护

10.13.1　雷击的种类

名　　称	图　　示	说　　明
直接雷击		直接雷击的强大雷电流通过物体入地在一刹那间产生大量的热能，可能使物体燃烧而引起火灾。 当雷电流经地面（或接地体）流散入周围土壤时，在它的周围形成电压降落，如果有人站在该处附近，将因跨步电压而伤害人体
雷电感应		雷电感应又称感应雷，分为静电感应和电磁感应两种。静电感应是当建筑物金属屋顶或其他导体的上空有雷云时，这些导体上就会感应出与雷云所带电荷极性相反的异性电荷。当雷云放电后，放电通道中的电荷迅速中和，但聚集在导体的电荷却来不及立刻流散，其残留的电荷形成很高的对地电位。这种"静电感应电压"可能引起火花放电，造成火灾或爆炸
雷电波侵入		雷电波侵入又称高电位引入。由于架空线路或金属管道遭受直接雷击，或者由于雷云在附近放电使导体上产生感应雷电波，其冲击电压引入建筑物内，可能发生人身触电、损坏设备或引起火灾等事故

10.13.2 防雷设备

名　称	图　示	说　明
避雷针	A φ25钢管 B φ40钢管 最大5000 C φ50钢管 D φ100钢管 引下线 (单位：mm)	避雷针适用于保护细高的建筑物或构筑物，如烟囱和水塔等，或用来保护建筑物顶面上的附加突出物，如天线、冷却塔。避雷针可以用圆钢或钢管制作，把顶端砸尖，以利于尖端放电
避雷带	避雷线 引下线 接地装置	避雷带是沿着建筑物的屋脊、屋檐、屋角及女儿墙等易受雷击部位敷设的带状金属线
避雷网	屋面板钢筋　周围式避雷带	避雷网是由避雷带在较重要的建筑物或面积较大的屋面上，纵横敷设组合成矩形平面网络，或以建筑物外形构成一个整体较密的金属大网笼，实行较全面的保护

名　称	图　示	说　明
阀型避雷器	 低压阀型避雷器 高压阀型避雷器 1—接线端；2—压紧弹簧；3—间隙； 4—瓷套；5—阀片；6—接地端	当线路正常运行时，避雷器的火花间隙将线路与地隔开，当线路出现危险的过电压时，火花间隙即被击穿，雷电流通过阀片电阻泄入大地，从而起到了保护电气设备的目的。 　　在中性点非直接接地的电力系统中，阀型避雷器的额定电压不应低于设备的最高运行线电压。保护旋转电机中性点绝缘的阀型避雷器的额定电压不能低于该电机运行时的最高相电压
管型避雷器	 1—产气管；2，3—棒状电极；4—环状电极 S_1—内部间隙；S_2—外部间隙	当线路上遭受雷击时，在大气过电压作用下，管型避雷器的外间隙和内间隙被相继击穿，雷电流通过接地体流入大地。 　　选择管型避雷器时要检验其安装处的短路电流值是否在其工频短路有效值的上下限范围以内。若超出上限，避雷器要爆炸；若低于下限，避雷器不能消弧，反而导致烧毁
保护间隙	 羊角　羊角　瓷瓶　瓷瓶	在正常情况下，带电部分与大地被间隙隔开；而当线路落雷时，间隙被击穿后，雷电流就被泄入大地，使线路绝缘子或其他的电气设备不致发生击穿短路事故。 　　保护间隙在运行中应加强维护检查，特别要注意其间隙是否烧毁，间隙距离有无变动，接地是否完好等

10.13.3　防雷装置的安装

名　　称	图　　示	说　　明
引下线的安装	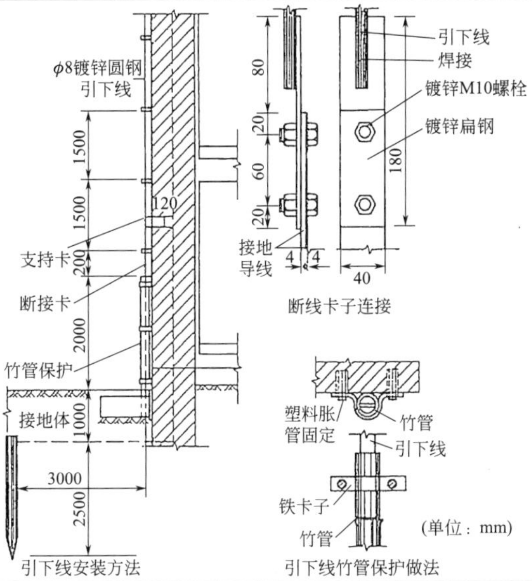 φ8镀锌圆钢引下线 1500 1500 2000 120 200 1000 3000 2500 支持卡　断接卡　竹管保护　接地体 引下线安装方法 80 (20) 60 (20) 4 4 40 180 引下线　焊接　镀锌M10螺栓　镀锌扁钢　接地导线 断线卡子连接 塑料胀管固定　竹管　引下线　铁卡子　竹管 引下线竹管保护做法 (单位：mm)	引下线的安装路径应短而直，其紧固件和金属支持件均应镀锌
接地装置的安装	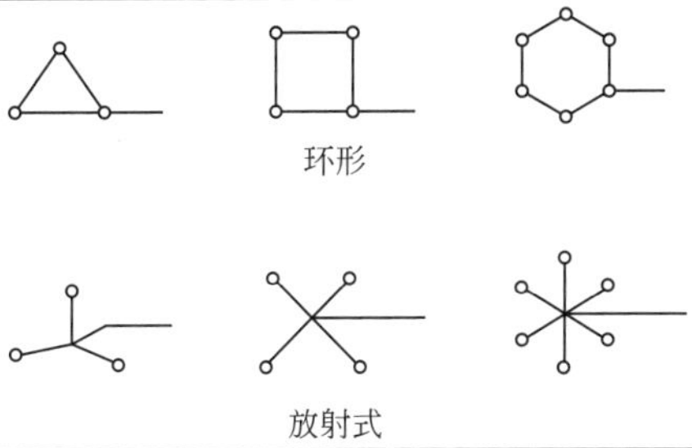 环形 放射式	与一般电气设备接地装置安装大致相同，常见的有环形和放射式两种
接闪器的安装	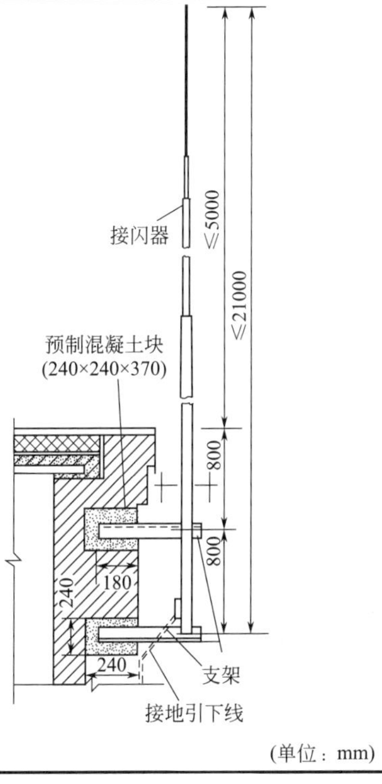 接闪器 ≤5000 ≤21000 预制混凝土块 (240×240×370) 800 800 240 180 240 支架　接地引下线 (单位：mm)	接闪器的安装一般采用明设。图中避雷针的针体均应镀锌

10.13.4　防雷保护

名　称	图　示	说　明
家用电器防雷	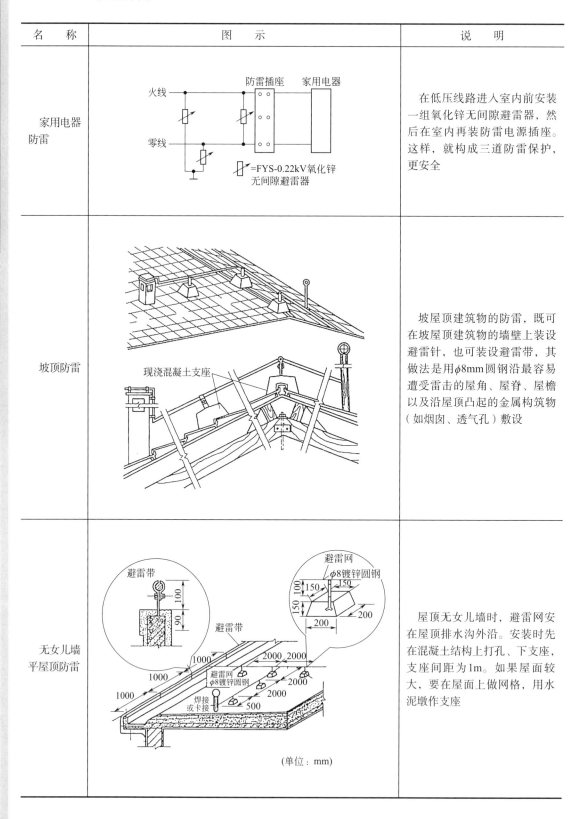	在低压线路进入室内前安装一组氧化锌无间隙避雷器，然后在室内再装防雷电源插座。这样，就构成三道防雷保护，更安全
坡顶防雷		坡屋顶建筑物的防雷，既可在坡屋顶建筑物的墙壁上装设避雷针，也可装设避雷带，其做法是用ϕ8mm圆钢沿最容易遭受雷击的屋角、屋脊、屋檐以及沿屋顶凸起的金属构筑物（如烟囱、透气孔）敷设
无女儿墙平屋顶防雷		屋顶无女儿墙时，避雷网安在屋顶排水沟外沿。安装时先在混凝土结构上打孔、下支座，支座间距为1m。如果屋面较大，要在屋面上做网格，用水泥墩作支座

名　　称	图　　示	说　　明
有女儿墙平屋顶防雷	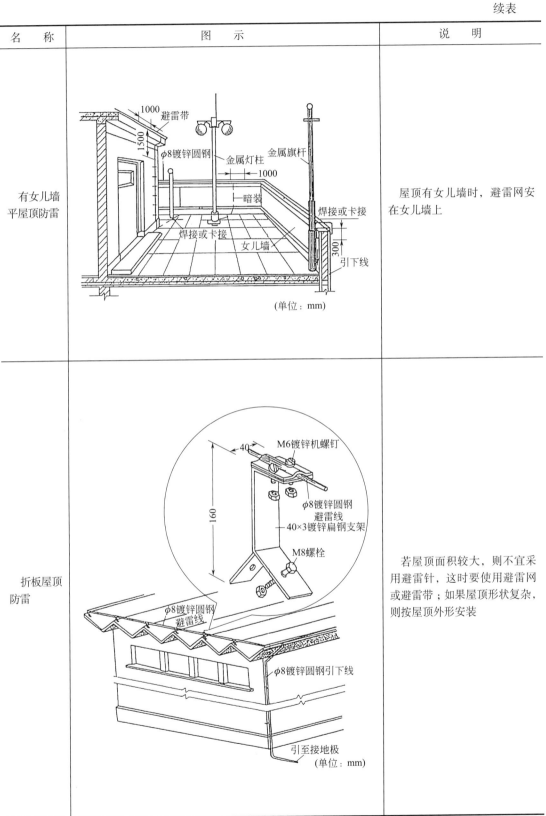	屋顶有女儿墙时，避雷网安在女儿墙上
折板屋顶防雷		若屋顶面积较大，则不宜采用避雷针，这时要使用避雷网或避雷带；如果屋顶形状复杂，则按屋顶外形安装

名　称	图　示	说　明
砖烟囱防雷	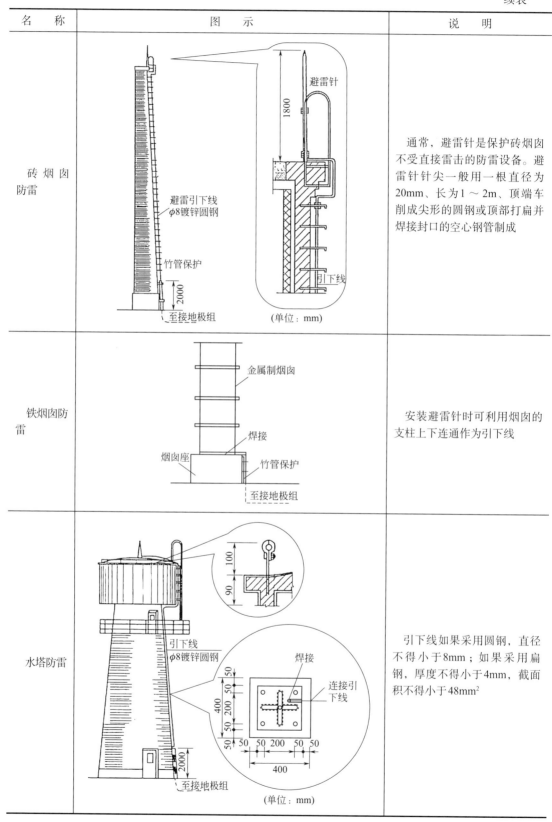	通常，避雷针是保护砖烟囱不受直接雷击的防雷设备。避雷针针尖一般用一根直径为20mm、长为1～2m、顶端车削成尖形的圆钢或顶部打扁并焊接封口的空心钢管制成
铁烟囱防雷		安装避雷针时可利用烟囱的支柱上下连通作为引下线
水塔防雷		引下线如果采用圆钢，直径不得小于8mm；如果采用扁钢，厚度不得小于4mm，截面积不得小于48mm²

续表

名　称	图　示	说　明
彩灯防雷	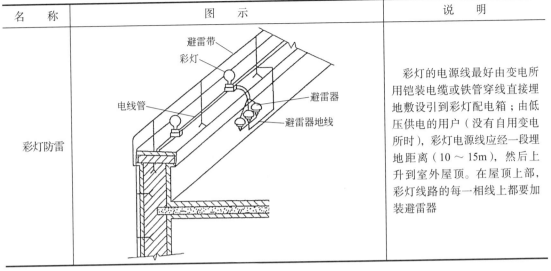	彩灯的电源线最好由变电所用铠装电缆或铁管穿线直接埋地敷设引到彩灯配电箱；由低压供电的用户（没有自用变电所时），彩灯电源线应经一段埋地距离（10～15m），然后上升到室外屋顶。在屋顶上部，彩灯线路的每一相线上都要加装避雷器

图中标注：避雷带、彩灯、电线管、避雷器、避雷器地线

10.14　漏电保护器的应用及安装接线

10.14.1　应用范围

范　围	说　明
必须安装漏电动作型保护器的场所和设备	①属于I类的移动式电气设备和手持式电动工具；②安装在潮湿、强腐蚀性场所的电气设备；③建筑施工工地的电气设备；④临时用电的电气设备；⑤宾馆、饭店和招待所客房内的插座回路；⑥机关、学校、企业、住宅等建筑物的插座回路；⑦游泳池、喷水池、浴池的水中照明设备；⑧安装在水中的供电线路和设备；⑨医院中直接接触人体的医用电气设备；⑩其他需要安装漏电保护器的场所和设备
必须安装报警式漏电保护器的场所和设备	①公共场所的通道照明和应急照明；②消防用电梯和确保公共场所安全的设备；③用于消防设备的电源；④用于防盗报警的电源；⑤其他不允许停电的特殊设备和场所
可不装设漏电保护器的设备	①由安全电压电源供电的电气设备；②一般环境条件下使用的具有双重绝缘或加强绝缘的电气设备；③由隔离变压器供电的电气设备；④采用不接地的局部等电位连接安全措施的场所使用的电气设备；⑤无间接触电危险场所的电气设备

10.14.2　漏电保护器的选用

选　用	说　明
形式的选用	电压型漏电保护器已基本上被淘汰，一般情况下，应优先选用电流型漏电保护器

选　用	说　明
极数的选用	单相220V电源供电的电气设备，应选用二极二线式或单极二线式漏电保护器；三相三线制380V电源供电的电气设备，应选用三极式漏电保护器；三相四线制380V电源供电的电气设备，或者单相设备与三相设备共用电路，应选用三极四线式、四极四线式漏电保护器
额定电流的选用	漏电保护器的额定电流值不应小于实际负载电流
额定漏电动作电流的选用	额定电压在50V以上的I类电动工具，应选用动作电流不大于15mA并在0.1s以内动作的快速动作型漏电保护器，同时还必须做接地或接零保护；主要用于间接接触保护目的时，单台电气设备可选用额定漏电动作电流为30～50mA的快速型漏电保护器；大型或多台电气设备可选用额定漏电动作电流为50～100mA的快速型漏电保护器

10.14.3　漏电保护器的安装

实物安装示意图	安装注意事项
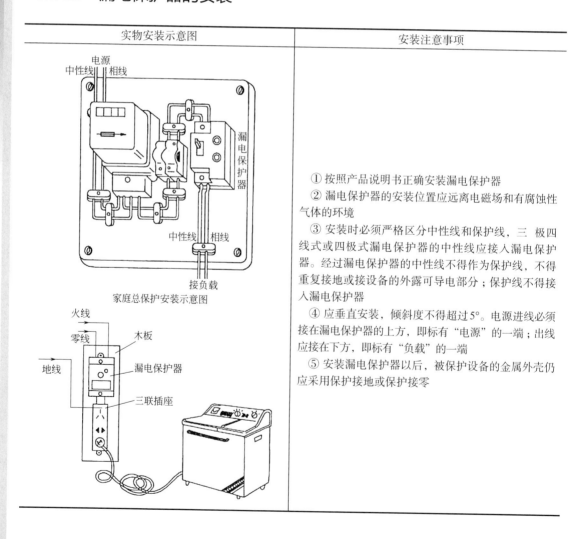　　　家庭总保护安装示意图	① 按照产品说明书正确安装漏电保护器 ② 漏电保护器的安装位置应远离电磁场和有腐蚀性气体的环境 ③ 安装时必须严格区分中性线和保护线，三极四线式或四极式漏电保护器的中性线应接入漏电保护器。经过漏电保护器的中性线不得作为保护线，不得重复接地或接设备的外露可导电部分；保护线不得接入漏电保护器 ④ 应垂直安装，倾斜度不得超过5°。电源进线必须接在漏电保护器的上方，即标有"电源"的一端；出线应接在下方，即标有"负载"的一端 ⑤ 安装漏电保护器以后，被保护设备的金属外壳仍应采用保护接地或保护接零

10.14.4 漏电保护器的接线

（1）漏电保护器在TT系统中的典型接线方式

适用的负荷类型	典型接线方式	采用的漏电保护器类型
三相和单相混合负荷		三极和二极
三相和单相混合负荷		四极
三相负荷		三极
		四极
单相负荷		二极
		三极
		四极

（2）漏电保护器在TN系统中的典型接线方式

适用的负荷类型	典型接线方式	采用的漏电保护器类型
TN-C三相和单相混合负荷	L1 L2 L3 PEN M 3~	四极
TN-S三相和单相混合负荷	L1 L2 L3 N PE M 3~	四极
TN-C三相和单相混合负荷	L1 L2 L3 PEN M 3~	三极和二极
TN-S三相和单相混合负荷	L1 L2 L3 N PE M 3~	三极和二极
TN-C三相动力负荷	L1 L2 L3 PE M 3~	三极
TN-S三相动力负荷	L1 L2 L3 N PE M 3~	三极
TN-C三相动力负荷	L1 L2 L3 PEN M 3~	四极
TN-S三相动力负荷	L1 L2 L3 PEN M 3~	四极
TN-C单相负荷	L PEN	二极
TN-S单相负荷	L N PE	二极

续表

适用的负荷类型	典型接线方式	采用的漏电保护器类型
TN-C 单相负荷		三极
TN-S 单相负荷		三极
TN-C 单相负荷		四极
TN-S 单相负荷		四极

10.15　使触电者脱离电源的几种方法

方法	图　示	方法	图　示
拉闸断电		断线断电	
挑线断电		拉离断电	

10.16 现场救护的具体步骤和处理措施

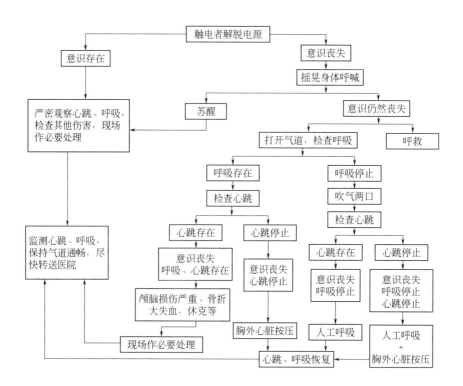

10.17 触电急救方法

急救方法	适用情况	图　示	实　施　方　法
口对口人工呼吸法	触电者有心跳而呼吸停止		将触电者仰卧，解开衣领和裤带，然后将触电者头偏向一侧，张开其嘴，用手指清除口腔中的假牙、血等异物，使呼吸道畅通
			抢救者在病人的一边，使触电者的鼻孔朝天头后仰

急救方法	适用情况	图 示	实 施 方 法
口对口人工呼吸法	触电者有心跳而呼吸停止		救护人一手捏紧触电者的鼻孔，另一手托在触电者颈后，将颈部上抬，深深吸一口气，用嘴紧贴触电者的嘴，大口吹气。同时观察触电者胸部的膨胀情况，以略有起伏为宜。胸部起伏过大，表示吹气太多，容易把肺泡吹破。脑部无起伏，表示吹气用力过小起不到应有作用
			救护人吹气完毕准备换气时，应立即离开触电人的嘴，并放开鼻孔，让触电人自动向外呼气，每5s吹气一次，坚持连续进行，不可间断，直到触电者苏醒为止
胸外心脏挤压法	触电者有呼吸而心脏停搏	跨跪腰间	将触电者仰卧在硬板或地上，颈部枕垫软物使头部稍后仰，松开衣服和裤带，急救者跨跪在触电者腰部
		中指抵颈凹膛	急救者将右手掌根部按于触电者胸骨下二分之一处，中指指尖对准其颈部凹陷的下缘，当胸一手掌，左手掌复压在右手背上
		向下挤压3~4cm	选好正确的压点以后，救护人肘关节伸直，适当用力带有冲击性地压触电者的胸骨（压胸骨时，要对准脊椎骨，从上向下用力）。对成年人可压下3～4cm；对儿童只用一只手，用力要小，压下深度要适当浅些
		突然放松	按压到一定程度，掌根迅速放松（但不要离开胸膛），使触电人的胸骨复位，按压与放松的动作要有节奏，每秒钟进行一次，必须坚持连续进行，不可中断，直到触电者苏醒为止

续表

急救方法	适用情况	图　示	实 施 方 法
口对口人工呼吸法和胸外心脏挤压法并用	触电者呼吸和心跳都已停止	单人操作	一人急救：两种方法应交替进行，即吹气2～3次，再挤压心脏10～15次，且动作都应快些
口对口人工呼吸法和胸外心脏挤压法并用	触电者呼吸和心跳都已停止	双人操作	两人急救：每5s吹气一次，每秒钟挤压心脏一次，两人同时进行

10.18　常用安全标识

名称及图形符号	设置范围和地点
禁止启动	暂停使用的设备附近，如设备检修、更换零件等
禁止合闸	设备或线路检修时，相应开关附近
禁止转动	检修或专人定时操作的设备附近

名称及图形符号	设置范围和地点
禁止触摸	禁止触摸的设备或物体附近，如裸露的带电体，炽热物体，具有毒性、腐蚀性物体等处
禁止跨越	不宜跨越的危险地段，如专用的运输通道，皮带运输线和其他作业流水线，作业现场的沟、坎、坑等
禁止攀登	不允许攀爬的危险地点，如有坍塌危险的建筑物、设备旁
禁止跳下	不允许跳下的危险地点，如深沟、深池、车站站台及盛装过有毒物质，易产生窒息气体的槽车、储罐、地窖等处
禁止入内	易造成事故或对人员有伤害的场所，如高压设备室、各种污染源等入口处
禁止停留	对人员具有直接危害的场所，如粉碎场地、危险路口、桥口等处
禁止通行	有危险的作业区，如起重、爆破现场、道路施工工地等

名称及图形符号	设置范围和地点
禁止吸烟	有丙类火灾危险物质的场所，如木工车间、油漆车间、沥青车间、纺织厂、印染厂等
禁止烟火	有乙类火灾危险物质的场所，如面粉厂、煤粉厂、焦化厂、施工工地等
禁止带火种	有甲类火灾危险物质及其他禁止带火种的各种危险场所，如炼油厂、乙炔站、液化石油气站、煤矿井内、林区、草原等
禁止用水灭火	生产、储运、使用中有不准用水灭火的物质的场所，如变压器室、乙炔站、化工药品库、各种油库等
禁止放易燃物	具有明火设备或高温的作业场所，如动火区，各种焊接、切割、锻造、浇注车间等场所

附录A 电工常用文字符号

文 字 符 号	说　　明	文 字 符 号	说　　明
A	组件、部件	F	保护器件
AB	电桥	FU	熔断器
AD	晶体管放大器	FV	限压保护器件
AJ	集成电路放大器	G	发电机
AP	印制电路板	GB	蓄电池
B	非电量与电量互换器	HL	指示灯
C	电容器	KA	交流继电器
D	数字集成电路和器件	KD	直流继电器
EL	照明灯	KM	接触器
L	电感器、电抗器	SB	按钮开关
M	电动机	T	变压器
N	模拟元件	TA	电流互感器
PA	电流表	TM	电力变压器
PJ	电度表	TV	电压互感器
PV	电压表	V，VT	电子管、晶体管
QF	断路器	W	导线
QS	隔离开关	X	端子、插头、插座
R	电阻器	XB	连接片
RP	电位器	XJ	测试插孔
RS	测量分路表	XP	插头
RT	热敏电阻器	XS	插座
RV	压敏电阻器	XT	接线端子排
SA	控制开关、选择开关	YA	电磁铁

附录 B 常用电气图形符号

图 形 符 号	说 明	图 形 符 号	说 明
	直流		分路器
	交流		加热元件
	接地一般符号		滑动触点电位器
	保护接地		电容器的一般符号
	接机壳或底板		有极性电容
	三根导线		微调电容
	导线连接		电感器符号
	端子		带磁芯的电感器
	可拆卸端子		压电晶体
	插座（内孔的）或插座的一个极		二极管
	插头		发光二极管
	电阻		稳压二极管
	可变电阻		双向二极管
	压敏电阻		一般晶闸管
	热敏电阻		双向晶闸管
	单结晶体管		PNP 晶体管

图 形 符 号	说 明	图 形 符 号	说 明
	结型场效应管（N沟道）		NPN 晶体管
	绝缘栅型场效应管（P沟道）		单相可调自耦变压器
	光电晶体管		电池一般符号
	光耦合器		电池组
G	直流发电机		动合（常开）触点
M	直流电动机		动断（常闭）触点
G	交流发电机		先断后合转换触点
M	交流电动机		手动开关
M	三相交流异步电动机		常开按钮开关
	变压器		常闭按钮开关
	自耦变压器		多位开关
	电流互感器		多极开关
	继电器、接触器线圈		断路器
	传声器		隔离开关
	扬声器		熔断器
V	电压表		灯
A	电流表		蜂鸣器
	运算放大器		
	天线		

附录C　常用电器在平面图上的图形符号

名　　称	图形符号	说　　明	名　　称	图形符号	说　　明
单极拉线开关			照明配电箱		
单极双控拉线开关			单相插座		依次表示明装、暗装、密闭、防爆
双控开关		单相三线			
开关		开关的一般符号			
单相三孔插座		依次表示明装、暗装、密闭、防爆	单极开关		依次表示明装、暗装、密闭、防爆
三相四孔插座		依次表示明装、暗装、密闭、防爆	双极开关		依次表示明装、暗装、密闭、防爆
吸顶灯			多个插座		3个
带指示灯开关			三极开关		依次表示明装、暗装、密闭、防爆
多拉开关		如用于不同照度			
壁灯			带开关插座		装一单极开关
			灯		
花灯			荧光灯		单管或三管灯

附录D 装修中的插座、连接片图形符号

图 形 符 号	说 明
(━● ━●) ━<< ━>>━ ━( )━ ━< >━	插头和插座（凸头的和内孔的）或插座的一个极
━■ ━■ ←━ ━→	插头（凸头的）或插头的一个极
━／━	换接片
━┤━├━	接通的连接片
8	吊线灯附装拉线开关250V-3A（立轮式），开关绘制方向表示拉线开关的安装方向

附录E 装修中的灯标注图形符号

图 形 符 号	说 明	图 形 符 号	说 明
⊗	各灯具一般符号	⊗	花灯
▭━	荧光灯列（带状排列荧光灯）	▭	荧光灯、花灯组合
├──┤	单管荧光灯	├─◀	防爆灯
├══┤	双管荧光灯	⊗	投光灯
├≡┤	三管荧光灯		

附录F 装修中的弱电标注图形符号

图 形 符 号	说 明	图 形 符 号	说 明
◤◥	壁龛电话交接箱	┤╎├	感温火灾探测器
⊖	室内电话分线盒	⊠	气体火灾探测器
◁	扬声器	🔔	火警电话机
▱	广播分线箱	△	报警发声器
──F──	电话线路	▱	有视听信号的控制和显示设备
──S──	广播线路	▷	发声器
──V──	电视线路	⌂	电话机
⊻	手动报警器	☿	照明信号
⌇	感烟火灾探测器		

附录G 装修中的有线电视标注图形符号

图 形 符 号	说 明
	有天线引入的网络前端（示出一个馈线支路） 注：馈线支路可从圆的任何点上画出
	无天线引入的网络前端（示出一个输入和一个输出通路）
	桥式放大器（表示具有三条支路或激励输出） 注：圆点用以表示较高电平的输出，支路或激励输出线可从符号的斜边任何方便的角度导出
	主干桥式放大器（示出三条馈线支路）
	线路（支路或激励馈线）末端放大器（示出一个激励馈线输出）
	可控制反馈量的放大器
	两路分配器
	具有一路较高电平输出的三路分配器
	方向耦合器
	用户分支器（示出一路分支） 注：1. 圆内的线可用代号代替；2. 若不产生混乱表示用户馈线支路的线可省略
	系统出线端
	环路系统出线端串联出线端（串接单元）
	均衡器
	可变均衡器
	衰减器
	线路电源器件（示出交流型）
	供电阻塞（在配电馈线中表示）
	线路电源接入点

附录H 装修中500V铜芯绝缘导线允载允许载流量

橡胶绝缘导线多根同穿在一根管内时允许负载电流/A ；塑料绝缘导线多根同穿在一根管内的允许负载电流/A

导线截面积/mm²	股数	单芯直径	成品大直径	明敷25°C橡胶	明敷25°C塑料	明敷30°C橡胶	明敷30°C塑料	橡胶25°C金属2根	橡胶25°C金属3根	橡胶25°C金属4根	橡胶25°C塑料2根	橡胶25°C塑料3根	橡胶25°C塑料4根	橡胶30°C金属2根	橡胶30°C金属3根	橡胶30°C金属4根	橡胶30°C塑料2根	橡胶30°C塑料3根	橡胶30°C塑料4根	塑料25°C金属2根	塑料25°C金属3根	塑料25°C金属4根	塑料25°C塑料2根	塑料25°C塑料3根	塑料25°C塑料4根	塑料30°C金属2根	塑料30°C金属3根	塑料30°C金属4根	塑料30°C塑料2根	塑料30°C塑料3根	塑料30°C塑料4根
1.0	1	1.13	4.4	21	19	20	18	15	14	12	13	12	11	14	13	11	12	11	10	14	13	11	12	11	10	13	12	10	11	10	9
1.5	1	1.37	4.6	27	24	25	22	20	18	17	17	16	14	19	17	16	16	15	13	19	17	16	16	15	13	18	16	15	15	14	12
2.5	1	1.76	5.0	35	32	33	30	28	25	23	25	22	20	26	23	22	23	21	19	26	24	22	24	21	19	24	22	21	22	20	18
4	1	2.24	5.5	45	42	42	39	37	33	30	33	30	26	35	31	28	31	28	24	35	31	28	31	28	25	33	29	26	29	26	23
6	1	2.73	6.2	58	55	54	51	49	43	39	43	38	34	46	40	36	40	36	32	47	41	37	41	36	32	44	38	35	38	34	30
10	7	1.33	7.8	85	75	79	70	68	60	53	59	52	46	64	56	50	55	49	43	65	57	50	56	49	44	61	53	47	52	46	41
16	7	1.68	8.8	110	105	103	98	86	77	69	76	68	60	80	72	65	71	64	56	82	73	65	72	65	57	77	68	61	67	61	53
25	19	1.28	10.6	145	138	135	128	113	100	90	100	90	80	106	94	84	94	84	75	107	95	85	95	85	75	100	89	80	89	80	70
35	19	1.51	11.8	180	170	168	159	140	122	110	125	110	98	131	114	103	117	103	92	133	115	105	120	105	93	124	107	98	112	98	87
50	19	1.81	13.8	230	215	215	201	175	154	137	160	140	123	163	144	128	150	131	115	165	146	130	150	132	117	154	136	121	140	132	109
70	49	1.33	17.3	285	265	266	248	215	193	173	195	175	155	201	180	162	182	163	145	205	183	165	185	167	148	192	171	154	173	156	138
95	84	1.20	20.8	345	320	322	304	260	235	210	240	215	195	241	220	197	224	215	182	250	225	200	230	205	185	234	210	187	215	192	173

参 考 文 献

[1] 黄海平，高惠瑾. 新建筑电工实用技术一点通. 郑州：河南科学技术出版社，2008.

[2] 王兰君，王文婷，张铮. 电工实用线路应用速成. 北京：人民邮电出版社，2008.

[3] 王兰君，张景皓，黄海平. 图解电工实用技能. 北京：人民邮电出版社，2008.

[4] 凌玉泉，黄海平. 图解装饰装修电工从入门到精通. 北京：化学工业出版社，2013.